碳纳米管/石墨烯基复合材料制备及应用

孟祖超　著

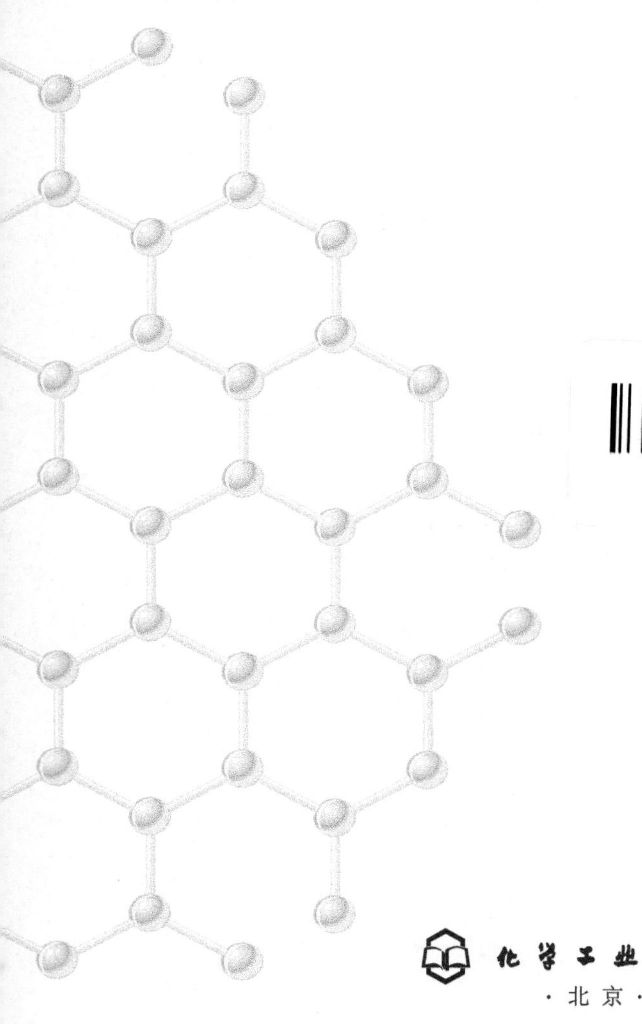

化学工业出版社

·北京·

内容提要

本书基于作者的科研成果编著而成，主要介绍了碳纳米管和石墨烯基复合材料的制备、性能及应用，特别是在电化学传感、光催化和吸附分离领域的应用。基于碳基纳米复合材料的电催化性能，建立了测定水合肼、亚硝酸盐、苯酚等物质的电化学分析新方法；在紫外光或可见光照下，利用碳基纳米复合材料实现了对有机污染物聚丙烯酰胺和苯酚的光催化降解；利用碳基纳米复合材料的高吸附性能，实现了对废水中油和染料的高效吸附分离。

可供化工、材料、环境、分析领域的研究人员，特别是从事石墨烯复合材料研发和应用的技术人员参考。

图书在版编目（CIP）数据

碳纳米管/石墨烯基复合材料制备及应用 / 孟祖超著.
—北京：化学工业出版社，2020.9 (2022.1 重印)
ISBN 978-7-122-37319-9

Ⅰ.①碳…　Ⅱ.①孟…　Ⅲ.①碳-纳米材料-复合材料-研究②石墨-纳米材料-复合材料-研究　Ⅳ.①TB383

中国版本图书馆 CIP 数据核字（2020）第 121972 号

责任编辑：李晓红　张　欣　　装帧设计：王晓宇
责任校对：王鹏飞

出版发行：化学工业出版社（北京市东城区青年湖南街 13 号　邮政编码 100011）
印　　装：北京虎彩文化传播有限公司
710mm×1000mm　1/16　印张 9¼　字数 159 千字　　2022 年 1 月北京第 1 版第 2 次印刷

购书咨询：010-64518888　　售后服务：010-64518899
网　　址：http://www.cip.com.cn
凡购买本书，如有缺损质量问题，本社销售中心负责调换。

定　　价：68.00 元

前 言

目前，碳纳米管和石墨烯的规模合成与纯化技术日趋完善，为了丰富其衍生物的种类、优化固有性能、开发新性能及拓展其应用，对碳纳米管和石墨烯的修饰与应用研究已经成为其主要的发展方向。掺杂、填充、包覆、共混等多种物理或化学的方法已被广泛用于修饰碳纳米管和石墨烯，所制备的碳纳米复合材料在分离富集、催化、合成等领域显示出巨大的应用潜能。但是，目前碳纳米复合材料从材质的选择、制备及其应用，仍需进一步的完善和丰富，以满足不同的应用场合，尤其是核心的材料制备技术，发展空间更加广阔。

本书内容由四章组成，属于材料化学、分析化学和环境科学等多学科交叉领域。书中详细介绍了碳纳米管和石墨烯的结构、性能与制备方法，发展出了简便快捷的碳纳米管和石墨烯基复合材料合成路线，研究了它们在电化学传感、光催化和吸附分离等领域的应用，探索了相关的催化机理和吸附机理，拓宽了其在环境和生物等领域的应用，为碳基纳米复合材料的应用提供了新思路，具有重要的科学意义和应用价值。

本书获得了西安石油大学优秀学术著作出版基金资助。感谢西安石油大学及应用化学系、化学工业出版社的亲切关注、热情指点和鼎力支持！

由于作者水平所限，加之本书涉及的领域宽广，如有疏漏或不妥之处，敬请读者予以指正，使之日臻完善。

孟祖超

2020 年 7 月

目　录

第 1 章
概述

1.1 碳纳米管

作为一种新型的碳材料，人们对碳纳米管自身的性质展开了十分广泛而深入的研究。目前，碳纳米管的规模合成与纯化技术日趋完善，为了丰富其衍生物的种类，优化固有性能，开发新性能，拓展其应用，对碳纳米管的修饰与应用已经成为其主要的发展方向。碳纳米管可以通过掺杂、填充、包覆、共混、接枝等多种物理或化学的方法进行结构修饰，种类繁多的碳纳米管衍生物及各种性能也被陆续报道。改性后的碳纳米管主要应用于增强复合材料、催化剂载体、生物与医药分子的载体、传感器、电学材料等[1-3]。

1.1.1 碳纳米管的结构

碳纳米管可以看作由单层或多层石墨片卷曲而成，其端头由碳的五元环和六元环组成的半球形封闭而成。单管壁的碳纳米管，称为单壁碳纳米管（简称单壁碳管，SWCNTs）；多层管壁的碳纳米管，称为多壁碳纳米管（MWCNTs），具体结构如图 1.1 所示。

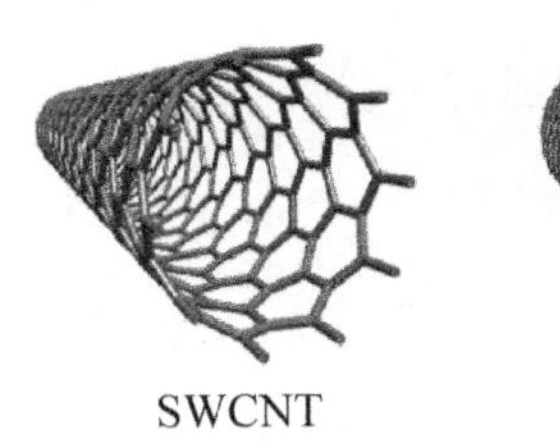

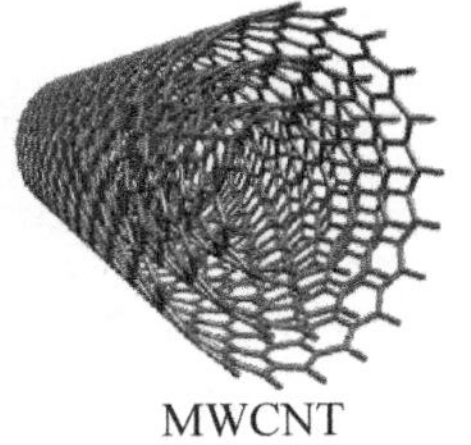

图 1.1　单壁碳纳米管和多壁碳纳米管的结构示意图

SWCNTs 据其石墨层卷曲角度取向的不同又分为三种形式的碳纳米管，即扶手椅型、锯齿型、螺旋型[4]，如图 1.2 所示。MWCNTs 则是由多层同轴 SWCNTs 组成，层间距约为 0.34 nm，且每层套管的螺旋取向不是固定的。

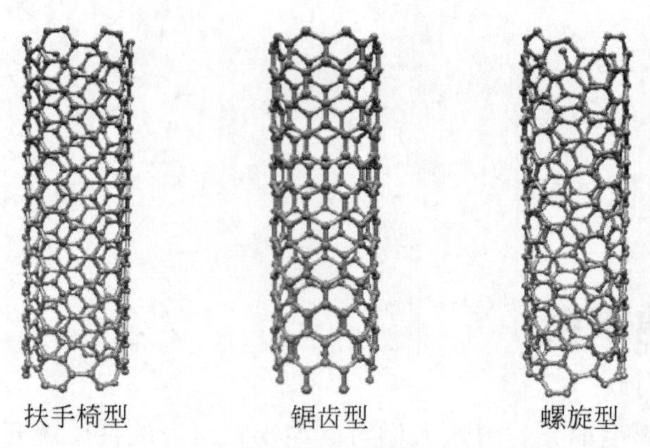

图 1.2 三种不同取向的单壁碳纳米管

1.1.2 碳纳米管的制备

随着对碳纳米管的不断研究，已经报道了多种制备碳纳米管的方法，如电弧放电法、激光蒸发法、化学气相沉积法、熔融盐插入法、水热法、爆炸法等，其中以前三种方法较为常见。

（1）电弧放电法

电弧放电法是在真空操作室中充入特定压强的惰性气体（如氩气、氦气等），以含有催化剂的石墨棒作阳极，纯石墨棒作为阴极，通过电极间产生高温连续电弧，使得石墨与催化剂完全气化蒸发生成碳纳米管，具体过程如图 1.3 所示。在电弧放电反应过程中，阳极石墨棒会逐渐消耗，因此需要不断调整阳极位置来保持两电极间距不变。具体放电电流的大小要根据石墨棒的尺寸、反应室内压强等参数来决定。这种制备碳纳米管的方法简便且产品缺陷少，但功耗较大、产率较低且产品管径粗细不均。

（2）激光蒸发法

激光蒸发法具体是将石墨粉与高纯过渡金属或金属氧化物混合，在一定的压强和温度下压制成复合靶材，并在氩气的气氛下进行高温预处理。激光蒸发设备与简单单壁纳米碳管合成设备类似，在 1200℃的电阻炉中，由激光

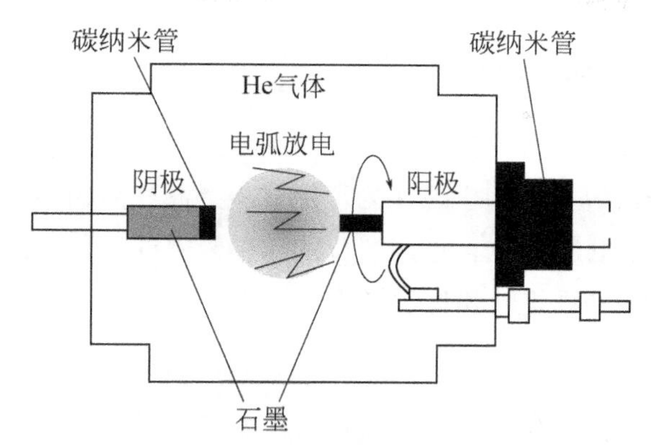

图 1.3 电弧放电法制备碳纳米管机构示意图[5]

束照射蒸发石墨靶，流动的氩气将蒸发物带至冷却区，最后沉积在水冷 Cu 收集器上。由此种方法制备的多为单壁碳纳米管，且缺陷少，管径易于控制，但因其制备费用昂贵，暂不适合量产。

（3）化学气相沉积法

化学气相沉积法（Chemical Vapor Deposition，简称 CVD），基本原理为含碳气体流经催化剂表面时分解，沉积生成纳米碳管。这种方法具有制备条件可控、容易批量生产等优点，自发现以来受到极大关注，成为纳米碳管的主要合成方法之一。该法是将碳源气体（碳氢化合物或 CO 等）混以一定比例的氮气或氨气作为压制气体，在一定温度下（600~1000℃），气体在催化剂表面热分解形成碳纳米管。用于这种方法的催化剂一般为过渡金属或它们的氧化物，并以沸石分子筛、SiO_2 等作为分散活性催化组分的载体。相对于电弧放电法和激光蒸发法，以此种方法制备的碳纳米管缺陷较多，然而具有高产率、易于量产的优点，并且可以用来制备定向生长的碳纳米管阵列。因此，目前商业化的碳纳米管主要是以化学气相沉积法制备的。

尽管对碳纳米管的制备研究较多，但碳纳米管的制备工艺中仍存在一些问题有待解决。例如，一些制备方法得到的碳纳米管生长机理尚不明确，影响碳纳米管的产量、质量及产率的因素也不清楚。另外，目前无论哪一种方法制备得到的碳纳米管都存在杂质高、产率低等缺点，这些都是制约碳纳米管研究和应用的关键因素。如何能够得到高纯度、高比表面积和长度、螺旋角等可控的碳纳米管，还有待研究和解决。

1.1.3 碳纳米管的纯化

根据碳纳米管的制备方法可知，在其制备过程中大多会加入催化剂，且会伴随着无定形碳等杂质的出现。为了进一步提高产品的纯度，故需要对其进行纯化处理。到目前为止，已经提出的碳纳米管的纯化方法有许多种，这些方法大致可分为物理提纯和化学提纯。

（1）物理提纯

物理提纯是利用碳纳米管与杂质的大小、形状等物理性质的差异，借助于超声分散、微孔过滤、离心分离、空间排阻色谱法等机械方法将其相互分离而达到提纯目的。由于碳纳米管比超细石墨粒子、碳纳米颗粒等杂质的粒度大，所以离心分离时，碳纳米管先沉积下来，而粒度较小的单壁碳纳米管、碳纳米颗粒、超细石墨粒子则悬浮在溶液之中，将悬浮液在加压或者超声振荡的协助下通过微孔过滤膜，就可以将粒度小于微孔过滤膜孔径的杂质粒子除去[6]。超声分散是纯化途径中关键的一步，它可以使黏附在碳纳米管壁上的无定形碳、碳纳米颗粒脱落下来；还可以使覆盖在催化剂颗粒上的石墨层剥离，让催化剂粒子裸露，使后续提纯步骤的效果更好。

（2）化学提纯

化学提纯是根据碳纳米管与其他含碳杂质的化学稳定性的差异，以及催化剂粒子自身的性质，用化学试剂与之反应，生成易挥发或者可溶性的物质，达到分离提纯的效果。化学提纯法主要有气相氧化法、液相氧化法、电化学氧化法、插层氧化法等方法。例如，在碳纳米管的制备过程中，常含有无定形碳和碳纳米颗粒杂质，它们对氧的反应活性不一样。其中无定形碳容易被氧化而除去，碳纳米颗粒因为其边缘存在比较活泼的悬空键，也容易被氧化，而碳纳米管因其结构的特殊性氧化温度更高。基于碳纳米管的耐氧化性，通过精确控制反应温度、反应时间、氧化气体流速等实验参数可以达到碳纳米管的提纯目的；电化学氧化法是将待纯化的碳纳米管粗品制成电极，对之进行阳极氧化处理。具有多层结构的无定形碳边缘存在较多的悬挂键，具有较高能量；多面体结构的碳纳米粒子存在较大的曲率和较多的五元环，导致反应活性较高，所以无定形碳和碳纳米粒子显示了较低的析氧电位，在阳极氧化过程中，在碳纳米颗粒和无定形碳表面首先析出氧原子，生成比较活泼、氧化性较强的新生态的氧，在一定的电解条件，便可以将碳纳米颗粒和无定形碳除去，达到纯化碳纳米管的目的。

1.1.4 碳纳米管的特性

碳纳米管是一种碳原子以 sp^2 杂化轨道键合的准一维结构材料，其 π 电子形成离散的量子能级和束缚态波函数，从而产生量子效应，对理化性质有着一系列的影响。

（1）电学性能

碳纳米管特殊的结构，使其几乎没有电子散射，这决定了其弹道导体的性质[7]。碳纳米管可携带的电流密度约为 10^9 A·cm^{-2}，远大于铜丝的 10^6 A·cm^{-2}[8]。带隙宽度低至 0~1.9 eV，电导率高达（0.17~2）×10^5 S·cm^{-1}，电子传输速率可媲美电容器。

（2）力学性能

碳纳米管 C=C 键的结合，使其在轴向方向具有非常大的杨氏模量，对单壁碳管约为 1.4 TPa[9]。此外，碳纳米管的抗拉强度超过 100 GPa，约为钢的 100 倍[10]。由于其具有可观的长径比和韧性，这使其在需求各向异性的复合材料中有潜在应用。此外，理论预测与实验研究都表明碳纳米管具有优良的热导率[11,12]。

（3）热力学性能

碳纳米管具有良好的热稳定性，在空气中低于 750℃范围内基本不被氧化，真空条件下可在低于 2800℃内保持结构稳定，热导率为 3000~6600 W·m^{-1}·K^{-1}。

碳纳米管优异的电学、热力学性能以及巨大的比表面积（150~1315 m^2·g^{-1}）使其在复合材料、电化学器件、传感器与探针、储氢材料、人工肌肉等[13]领域具有广泛的应用。

1.1.5 碳纳米管复合材料的吸附性能

具有中空层状结构的碳纳米管（CNTs），由于其比表面极大，长径比高，表面缺少相邻的原子，不饱和性高，容易结合其他原子趋于稳定，具有很好的化学活性等特点而成为一种理想的吸附材料。CNTs 以及改性的 CNTs 吸附重金属离子的研究较多。Kandah[14]等研究了 MWCNTs 以及 HNO_3 氧化的

MWCNTs 去除重金属镍，实验表明用硝酸氧化的 MWCNTs 含有羧基、内酯以及酚羟基，这些基团能够提高 Ni^{2+}与 OH^-的结合力，提高 MWCNTs 的亲水性。除此之外，采用 MWCNTs 以及 HNO_3 氧化的 MWCNTs 对铬、锌、铜离子的吸附[15]，以及不同氧化程度的 CNTs 对金属离子的去除性能研究的报道也较多。Vukovic[16]等研究了乙二胺修饰的 e-MWCNTs 对镉的吸附效果，实验证明 e-MWCNTs 的分散性比 MWCNTs 的分散性好得多，而且吸附效果主要决定于其表面的官能团、温度、pH 等影响因素，而不是表面积与孔径比。Li 等[17]研究了用 2-氨基苯并噻唑修饰的 MWCNTs 吸附 Pb^{2+} 离子，结果表明，其吸附能力明显高于硅酸、活性炭、十二烷基磺酸钠/Al_2O_3，氧化的 SWCNTs、MWCNTs 等对 Pb^{2+} 离子的吸附能力。肖得力等[18]通过六水合三氯化铁、乙酸钠、乙二醇、二乙二醇和 c-MWCNT 混合，然后超声处理，在 200℃下加热 10 h 而制得羧基化多壁碳纳米管 c-MWCNT/Fe_3O_4 磁性复合材料。c-MWCNT/Fe_3O_4 在去离子水中表现出良好的分散性、酸碱稳定性和磁性，易被磁铁从水中分离，并对铜（Ⅱ）具有较高的吸附容量。基于这种新型复合材料从水中去除铜（Ⅱ）的检测限为 1.29 $\mu g \cdot L^{-1}$。

虞琳琳等[19]利用直接制备的 CNTs 原始样品作为偶氮染料的吸附剂，采用次氯酸钠溶液对 CNTs 进行表面修饰改性，改性后显著提高了对偶氮染料的吸附容量，吸附过程以物理吸附为主，吸附过后用磁铁易于达到固液分离的效果。通过 Langmuir 模型计算可知改性磁性 CNTs 最大吸附容量为 29.2 $mg \cdot g^{-1}$。熊振湖等[20]研究了磁性 MWCNTs 对于水中非甾体抗炎药双氯芬酸的吸附过程。结果表明，在磁性 MWCNTs 的量为 0.7 $g \cdot L^{-1}$ 时，水溶液中双氯芬酸被磁性 MWCNTs 吸附的量达到最大，为 33.37 $mg \cdot g^{-1}$，对应的双氯芬酸去除率为 98.1%。王可等[21]研究了 MWCNTs 对苯酚、对甲酚、对甲氧基苯酚、对羟基苯甲醛和对硝基苯酚 5 种典型酚的吸附作用。吸附过程均符合准二级动力学模型，且为自发的放热过程，符合 Langmuir 吸附等温方程。其中，MWCNTs 与酚类形成 π-π 给体-受体相互作用的强弱是影响平衡吸附量大小的主要原因，平衡吸附量与分子电子能（EE）呈现明显的相关性。

马雁冰等[22]通过水热还原法制得羧基碳纳米管-石墨烯复合气凝胶（CGA）。以水中乳化柴油作为研究对象，考察了 CGA 样品在不同温度下对乳化柴油的吸附特性。CGA 的吸附量在 30 min 左右达到吸附平衡，且平衡吸附量随温度升高而增加。吸附过程遵循准二级动力学模型，体系表观活化能为 7.10 $kJ \cdot mol^{-1}$。利用颗粒内扩散模型分析得出，CGA 对乳化油的吸附分为外表面吸附过程和内部孔道吸附过程（内部大孔道吸附、中孔道和微孔道内扩散3个阶段）。

CNTs 以其优异的物理化学结构和性能得到了深入的研究和发展，尤其是其表面性能使其在吸附剂领域有了深入研究，其大的比表面积和比表面能决定了碳纳米管是一种很好的吸附剂，而且通过解吸附能够重复利用，具有一定的再生性能，工业利用价值和应用前景广阔。然而，人们对碳纳米管复合材料的吸附能力研究还不充分，对其吸附过程的影响因素了解不多，尤其是碳纳米管复合材料作为吸附剂时，它的吸附机理研究不明确；另外，作为纳米复合材料基体的 CNTs 成本比较高，不能够大批量的制备与使用，使复合材料吸附剂难以在工业中得到实际的应用和发展。如何对 CNTs 复合材料进行改性使其对有机和无机污染物均具有良好的吸附效果还有待于深入研究。

1.1.6 碳纳米管复合材料的电催化性能

生物传感器是利用蛋白质、酶、核酸等活性物质之间的分子识别功能，把被检测物质的构象变化、浓度变化等生物的微观过程转变成可量化的可视的电信号、荧光信号等物理化学信号，从而达到检测物质成分及其浓度的装置。根据分子识别元件所用生物功能材料不同，可将生物传感器分为酶传感器、免疫传感器、DNA 传感器、微生物传感器等。其中电化学酶传感器研究最多，它固定的生物活性物质为蛋白质或酶，这些生物分子是高活性、专一性强的生物催化剂，因此其底物的检测具有很高的选择性与灵敏度。生物传感器原理示意图见图 1.4。

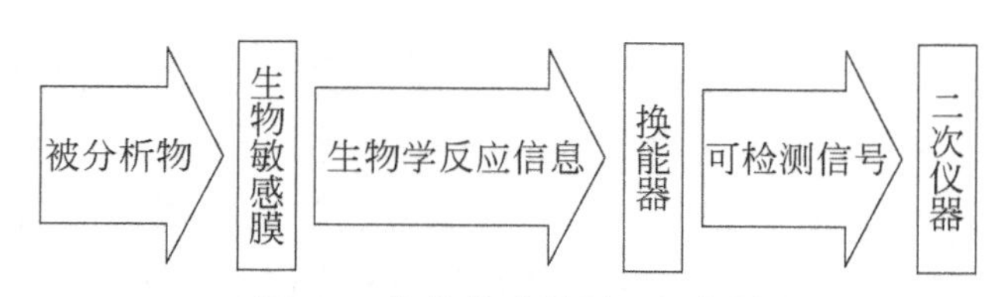

图 1.4　生物传感器原理示意图

CNTs 生物传感器中，CNTs 能够增强蛋白质、核酸、酶等生物的电化学反应性，改变生物大分子与电极之间的界面相容性，促进化学反应过程中的电子传递过程。苗智颖等[23]先将 MWCNTs-Pt 纳米复合物修饰在丝网印刷电极上，然后利用包埋法将乙醇氧化酶固定在电极表面，构建了乙醇生物传感器，并考察了影响电极性能的因素。所制备的乙醇传感器最低检测限为

0.02 mmol·mol^{-1}，线性范围为0.25~3.00 mmol·L^{-1}，灵敏度为0.923 μA·L·mmol^{-1}。

李书芳等[24]合成了CNTs和MWCNTs复合材料，将其修饰在玻碳电极上，再用电沉积法将金修饰在MWCNTs-CNTs表面后，固定过氧化物酶，成功制备出一种新的过氧化物生物传感器。该生物传感器对过氧化氢具有良好的电催化性能，过氧化氢的浓度在2.91~980 μmol·L^{-1}范围内与其峰电流呈良好线性关系，检出限为0.48 μmol·L^{-1}。樊雪梅等[25]利用AuNPs/Nafion复合膜技术固定 $Ru(bpy)_3{}^{2+}$，采用羧基化碳纳米管固定氨基化腺苷适配体，以此来制备腺苷电化学发光生物传感器。此传感器与腺苷作用后，腺苷与其适配体形成G四面体结构，$Ru(bpy)_3{}^{2+}$的电化学发光强度降低。在最佳实验条件下，电化学发光强度降低量与腺苷浓度的负对数在1.0×10^{-11}~1.0×10^{-7} mol·L^{-1}范围内呈现良好的线性关系，检出限（S/N=3）为5.0×10^{-12} mol·L^{-1}。李明阳等[26]基于荧光能量共振转移原理，利用SWCNTs构建了一种操作简单、成本低、灵敏度高和选择性强的纳米生物传感器，用于快速检测含有*tst*基因金黄色葡萄球菌。将*tst*基因互补序列设计为探针，利用单壁碳纳米管联合羧基荧光素（FAM）标记的DNA分子探针（FAM-P）构建出FAM-P/SWCNTs复合检测体系。该生物传感器对靶标序列的检测下限低至10 nmol·L^{-1}，并在10~100 nmol·L^{-1}范围内具有较好的线性关系，对靶标菌的检测下限低至10^2 CFU·mL^{-1}，且在10^2~10^7 CFU·mL^{-1}范围内均呈现良好的线性关系。常波等[27]采用自组装的方式将过氧化物酶（POD）和葡萄糖氧化酶（GOD）组成的双酶修饰到戊二醛（CA）/壳聚糖（CS）/Fe_3O_4-CNTs复合材料的玻碳电极表面，形成POD-GOD/CA/CS/Fe_3O_4-MWCNTs生物传感器。Fe_3O_4的磁性和CNT较好的导电性以及传感器较大的比表面积大大地改善了双酶（POD-GOD）的生物活性。该传感器在葡萄糖浓度分别在3.33×10^{-10}~3.32×10^{-9} mol·L^{-1}范围内呈良好线性，检测限为1.67×10^{-10} mol·L^{-1}。

无酶电化学传感器能把化学物质的浓度变化转化成电化学信号的传感器。CNTs不仅增强了电化学物种化学反应过程中的电子传递能力，而且提高了物质的分散性，使其具有更多的活性中心，然后用于物质的分析检测。Shahrokhian等[28]用电化学沉积的方法将铂钌负载到MWCNTs上，修饰电极对降血压药之一的甲基多巴进行测试，结果显示，用这种电化学传感器对甲基多巴能作出精确的痕量检测。李利花等[29]采用水热合成法在MWCNTs上负载了RuO_2纳米颗粒，并以Nafion为固定剂将复合材料修饰于玻碳电极的表面，制备了一种新型无酶型葡萄糖传感器。该复合材料修饰的电极对葡萄糖响应电流明显，灵敏度高，反应时间短，具有较好的稳定性，能方便地检测糖尿病患者血液中葡萄糖的含量。项园等[30]以二硫化钨和氨基功能化MWCNTs为原料制备了多菌灵电化学传感器，对猕猴桃中多菌灵进行了超高灵敏检测，线性范围为 1.0×10^{-7}~1.0×10^{-5} mol·L^{-1}，检测限为 1.1×10^{-8} mol·L^{-1}（S/N=3）。王穗萍等[31]采用电沉积方法制备了 CNTs 修饰电极，以 CNTs 修饰电极为工作电极，于−1.0 V 富集后差分脉冲溶出伏安法检测水中微量铅离子。Pb^{2+}浓度与溶出峰电流值在 0.003~1 mg·L^{-1} 范围内呈现较好的线性关系，检测下限为 0.001 mg·L^{-1}，回收率 90.7%~102.1%。

CNTs 复合材料在电解水制氢领域的应用也不断被开发和研究。Dai 等[32]通过低压热退火的方法在被氧化的 CNTs 表面合成纳米结构的 NiO/Ni 异质结构的催化剂，Ni 单质表面包裹一层由 $Ni(OH)_2$ 分解产生的 NiO，反应过程中纳米尺寸的 CNTs 基底的存在可以抑制 NiO 及 Ni 单质的聚集，这种方法制备的纳米结构 NiO/Ni 异质结构-CNTs 复合催化剂在碱性电解质中在过电势小于 100 mV 时可产生 100 mA·cm^{-2} 的电流密度，全水分解时，产生 20 mA·cm^{-2} 电流密度的电压为 1.5 V。Wei 等[33]通过 CVD 法制备了以 CNT 为核、N-CNT 为壳的复合催化剂（CNT@N-CNT），N 元素主要分布在外层壳内，这种富 N 的壳层更易于与 O_2 充分接触，大大提高了活性位点的利用率，表现出与 Pt/C 相近的氧还原反应（oxygen reduction reaction，ORR）活性。陈晨等[34]通过阴离子聚合物聚苯乙烯磺酸钠（PSS）对 CNTs 进行非共价功能化修饰得到 PSS 功能化的 CNTs（PSS-CNTs），利用带负电的 PSS 和 Ce^{3+}之间的静电作用将 Ce^{3+}组装到 CNTs 表面，再利用 Ce^{3+}与 $PtCl_4^{2-}$之间存在的静电作用和氧化还原反应实现 CeO_2 和 Pt 纳米粒子在 CNTs 表面的原位沉积，得到 Pt-CeO_2/PSS-CNTs。由于 Pt 与 CeO_2 之间存在良好的协同效应，Pt-CeO_2/PSS-CNTs 催化剂对甲醇电催化氧化具有较好的催化活性和化学稳定性，n(Pt)∶n(Ce)=2∶3 时催化性能最优。屈建平[35]通过超声方法将 RuO_2 担载在 SWCNTs 上，并将其修饰在铂电极上，研究了 RuO_2/SWCNTs 薄膜修饰电极对 CO_2 的电催化还原活性。结果表明，RuO_2/SWCNTs 薄膜修饰电极对 CO_2 电化学还原具有较正的过电位和很好的电催化性及稳定性。

1.1.7 碳纳米管复合材料的光催化性能

近年来，碳纳米管是材料领域研究最为广泛的新型材料，由于其独特的

sp^2 杂化结构，具有较大的比表面积、优异的电子存储能力和电子传输能力，可为催化反应提供更多的吸附位点，并有效促进光生电子-空穴对的分离，进而提高量子产率。此外，研究表明碳纳米管的掺入还能提高半导体的光稳定性，并作为光敏剂将半导体的光响应范围拓宽至可见光区域。因此，碳纳米管被认为是优良的催化剂载体。以半导体能带理论为基础，可以解析碳纳米管与半导体结合后所得到的光催化剂性能增强机理，如图 1.5 所示[36]。图 1.5（a）表示碳纳米管作为导体的导电作用，在紫外光照射下，半导体被激发，生成光生电子-空穴对，电子存在于半导体导带上，空穴存在于半导体的价带上。由于碳纳米管功函高于半导体，且具有独特的一维几何和电子结构，因此半导体导带上的电子能够沿 CNTs 快速传递，从而实现了电子-空穴对的有效分离，分离后的电子与空穴分别与降解产物接触发生反应。图 1.5（b）是将碳纳米管当作一种窄带半导体或光敏化剂，当可见光照射复合材料时，宽带半导体不能够被直接激发，但 CNTs 可以被激发产生光生电子-空穴对，CNTs 导带上的电子注入半导体的导带上，从而实现光生电子-空穴对的有效分离，然后电子和空穴分别与污染物反应。图 1.5（c）表示，半导体与 CNTs 复合后，在两者界面上，能够形成 M−C 或 M−O−C 化学键，类似于 TiO_2 的非金属掺杂，使 TiO_2 的带宽变窄，从而对可见光有响应。碳纳米管/半导体光催化剂的可见光催化机理有待进一步研究。事实上，除了以上讨论的光催化增强机理外，碳纳米管还有另外两种作用：一是 CNTs 能够作为吸附剂，对污染物和降解中间产物进行富集，提高催化剂对有机物的降解速率；二是利用 CNTs 作为载体，有利于半导体材料的分散，减少团聚，促进催化剂与污染物的充分接触，提高催化剂的利用率。这些因素都有利于提高半导体催化剂的光催化性能。

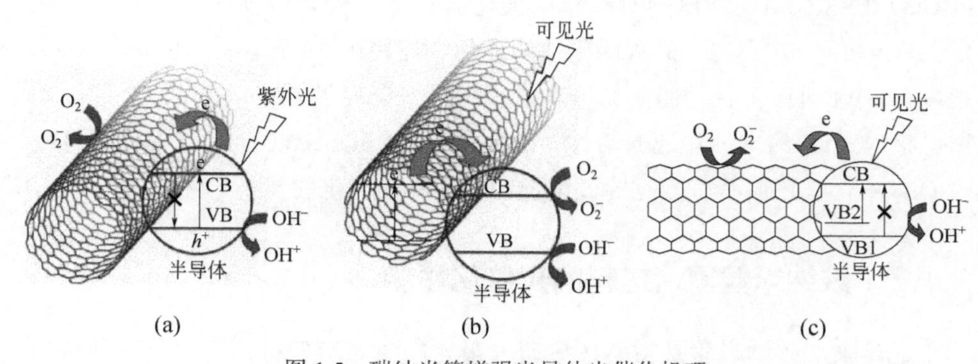

图 1.5 碳纳米管增强半导体光催化机理

李鑫等[37]以溶胶-凝胶法制备了 $BiFeO_3$/SWCNTs 复合粉末。SWCNTs 的加入不仅可以明显强化 $BiFeO_3$ 的紫外及可见光响应性能，同时可以使 $BiFeO_3$ 光催化还原 CO_2 合成甲醇的性能增加一倍，单位质量 $BiFeO_3$/SWCNTs 光催化还原 CO_2 合成甲醇的累积产率最高可以在 4~6 h 达 1000 $\mu mol \cdot g^{-1}$。徐志兵等[38]采用溶胶-凝胶法制备了负载 TiO_2 的 MWCNTs，并探讨了其用于腈纶废水的处理。以 300 W 中压汞灯为光源，在 250 mL 的腈纶废水中加入 100 mg 负载有 TiO_2 的 MWCNTs 光催化处理 1 h，废水的 COD_{Cr} 去除率达 22%；经 Fenton 试剂进行预处理后，加入 150 mg 载有 TiO_2 的 MWCNTs 进行光催化实验，经光催化氧化 3 h 后，COD_{Cr} 去除率达到 90%。宋优男等[39]采用溶胶法合成了 ZnO/CNTs 复合光催化材料，以氙灯为光源，盐酸四环素为降解对象，比较了 ZnO/CNTs 复合材料和纯 ZnO 对抗生素的降解能力。结果表明，由于 ZnO/CNTs 材料良好的吸附性能，其光催化活性高于纯 ZnO，在 300 W 氙灯光源下反应 2 h，对盐酸四环素的降解率达 82.38%，同时复合材料显示了抑制 ZnO 光蚀的能力。穆劲等[40]构建了曙红- MWCNTs-CuO/CoO 光催化体系，并利用三乙醇胺作为牺牲剂考察了其可见光催化还原水制氢性能。结果表明，曙红-MWCNTs-CuO/CoO 是一个高效的可见光催化剂，其光催化还原水析氢的速率可达 403.1 $\mu mol \cdot g^{-1} \cdot h^{-1}$。

1.2 石墨烯

2004 年，英国曼彻斯特大学的 Geim 教授利用胶带将天然石墨机械剥离至单原子层，进而发现了石墨烯，同时也将碳材料的发展带入到一个新的台阶上[41]。石墨烯在碳的同素异形体中具有最简单的结构，但是却发现得最晚，将天然石墨其中一层抽离出来就得到石墨烯，其结构是单碳原子厚度的六元环晶格结构。石墨烯是最理想的二维纳米材料，晶格中每个碳原子与相邻碳原子形成三个 sp^2 杂化的 σ 键，p 轨道的电子形成一个垂直于晶面的 π 键，三个键使得碳原子间的连接十分牢固，π 电子可以自由移动。其稳定的苯六元环结构如图 1.6 所示。

石墨烯的发现对碳同素异形体家族的进一步完善和发展具有极为重大的意义。从结构上来说，二维片层结构的石墨烯是构建其他维数 sp^2 碳材料的基础单元，如图 1.7 所示，石墨烯片层可以进一步团聚成零维的富勒烯，或者卷曲后形成一维的碳纳米管，抑或是堆叠成三维的石墨[42]，由此可见，石墨烯可以通过机械作业转变成不同的碳材料，甚至剪裁出不同形状的石墨烯片层。从性能来说，石墨的电学性能[43]、力学性能[44]、热学性能[45]、光学性能[46]和磁学性质[47]等都优异于其他碳材料。由于具有优异性能的石墨烯的发现，给材料科学的发展带来了一次新的革命，由此 Geim 和 Novoselov 获得了 2010 年诺贝尔物理学奖。

图 1.6　石墨烯的苯六元环结构示意图

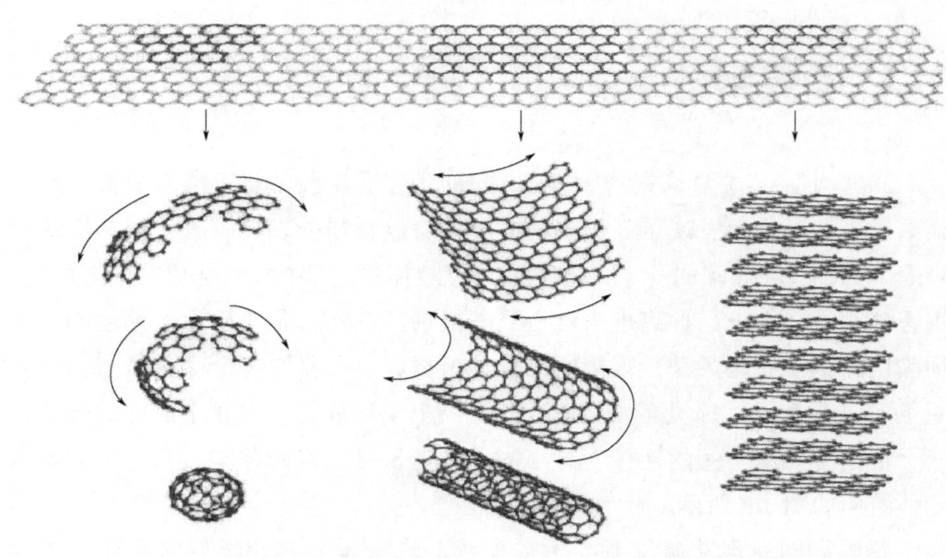

图 1.7　石墨烯以及零维富勒烯、一维纳米管和三维石墨的结构示意图

1.2.1 石墨烯的性质

（1）电学性质

石墨烯的导带和价带交于一点（狄拉克点，Dirac Point），是一种禁带宽度几乎为零的半金属/半导体材料，具有半金属特性[43]。在狄拉克点附近，石墨烯中载流子输运在这点附近能量与波矢的色散关系是线性的，遵循狄拉克相对论方程。石墨烯的电子迁移率达 $2\times10^5\ cm^2\cdot V^{-1}\cdot s^{-1}$[48]，是硅中电子迁移率的 100 倍。石墨烯还表现出异常的量子霍尔效应和 Klein 隧道效应，室温下，载流子在石墨烯上传输显现微米尺寸内弹道式的超高隧穿特性。石墨烯的电阻比金属铜或银更低，是目前已知材料中电阻最低的材料，相关研究发现的数据表明其导电密度可以达到铜的一百万倍。

（2）力学性质

石墨烯结构在外部施加机械力时，碳原子面会发生弯曲变形，说明石墨烯中各碳原子之间的连接非常柔韧。但是石墨烯结构中的碳原子不会由于外力变化而改变其排列序列，能保持结构稳定。石墨层数少于 10 层时即可定义为石墨烯材料，这是因为石墨本身是由许多层的石墨烯叠加形成的，但是当石墨层数少于 10 层时，就会表现出较普通三维石墨不同的电子结构，性质也会发生明显变化[44]。单片层石墨烯（0.35 nm）的理论比表面积可以达到 $2630\ m^2\cdot g^{-1}$，实际测试中单片层石墨烯的刚度达到 0.25 TPa[44]，其杨氏模量和断裂强度可与碳纳米管相媲美，分别为 1100 GPa、125 GPa[46]。研究表明，石墨烯与有机材料或无机材料复合制备出的新材料，机械强度和韧度都会大幅增加。

（3）热学性质

单层石墨烯的热导率可达 $5300\ W\cdot m^{-1}\cdot K^{-1}$ 以上，远高于银、铜、金、铝等导热系数相对较高的金属，也高于热导率可达 $3000\ W\cdot m^{-1}\cdot K^{-1}$ 的碳纳米管[49,50]。也正是由于石墨烯优异的导热性能，使得它有望作为散热材料，应用于未来超大规模纳米集成电路。

（4）光学性质

在近红外和可见光波段石墨烯具有优秀的光透过能力，若单层石墨烯覆盖在几十个微米量级的孔洞上，透光率可达 97.7%[46]。石墨烯薄膜透光率与其厚度相关，当石墨烯薄膜厚度为 2 nm 时透光率超过 95%，五层石墨烯样品的透光率也达到 90%；用氧化还原方法制备的石墨烯薄膜同样具有优异的光透过能力，石墨烯薄层厚度为 3 nm 时的透光率也在 90%以上。

（5）磁学性质

石墨烯锯齿形边缘存在孤对电子，致使石墨烯具有包括铁磁性及磁开关等潜在磁性能[46]。石墨烯边缘位存在局部磁矩，研究发现三维的厚度为 3～4 层石墨烯纳米材料在不同居里温度下显示出居里-外斯（Cuire-Weise）行为，即磁化率变化服从居里-外斯定律[50]。此外，石墨烯的磁性能在不同方向剪裁时会表现出不同的磁性能，化学改性也可以使石墨烯材料磁性能发生变化，相关研究表明氧物理吸附在石墨烯片层上可增加其网状结构的磁阻[51]。

1.2.2　石墨烯的制备方法

石墨烯制备方法主要可以分为物理方法和化学方法两大类。物理方法主要是通过剥离的方式，如微机械剥离法，以廉价的石墨或膨胀石墨为原料，来制备单层或多层石墨烯[51,52]。化学法制备石墨烯主要有氧化还原法[53,54]、化学气相沉积法[55]、晶体外延生长法[56]、电化学法[57]、电弧法[58]等。物理方法制备石墨烯主要是借助外力作用破坏石墨片层间的相互作用，虽然操作简便，且制备的石墨烯纯度高缺陷少，但是太过费时费力；相比而言，采用化学方法制备的石墨烯有一定的晶格缺陷结构，但相对更易改变石墨的片层结构，有望实现大规模工业化生产，为石墨烯行业助力。

（1）微机械剥离法

如前所述，石墨烯的诞生正是起源于机械剥离法，早期主要是通过手动机械的方式将石墨片层减少至最薄膜材料。随着研究的深入和碳材料的兴起，微机械剥离法被探索，其原理是在石墨表面通过热裂解的方式刻蚀微槽在硅衬底上进行涂抹，而后涂抹的石墨片层被光刻胶黏附进行转移，将石墨片层转移至玻璃衬底上并用透明胶带反复撕揭，石墨片厚度逐渐变薄，而后将很薄的石墨片层留在衬底上，最后将玻璃衬底放入丙酮中进行超声处理后，石墨烯会吸附在同时放入丙酮中的单晶硅片表面。微机械剥离方法是制备石墨烯最为直接的方法，操作简单，制作样本质量高。但是尺寸不易控制、低产率等缺点使得该方法仅适用于基础研究。

（2）氧化还原法

目前，通过化学方法制备石墨烯的主要方法是氧化还原法。氧化方法主要有 Hummer 法[59]（浓 H_2SO_4，$KMnO_4$，$NaNO_3$）、Brodie 法[60]（发烟硝酸，$KClO_3$）、Staudenmaier 法[61]（浓 HNO_3，浓 H_2SO_4，$KClO_3$），目前大多数文献中都采用 Hummer 法或是改进的 Hummer 法[62]制备氧化石墨，然后通过超声剥离将已经氧化膨胀的石墨剥离开来得到氧化石墨烯，然后采用适当的还原方式将氧化石墨烯还原得到还原石墨烯。氧化石墨烯的还原原理是通过还原剂作用除去氧化石墨烯碳层间的各种含氧基团，但此法的不足之处是最后得到的石墨烯晶体易产生缺陷。氧化石墨还原法制备石墨烯，成本低廉、设备简单。而且氧化过程中有大量羟基、羧基、环氧基的残留。这些含氧基团的存在易于使石墨烯分散在溶剂中，使石墨烯功能化。除此之外，功能化的石墨烯方便与很多物质反应，是制备石墨烯功能复合材料的基础。

（3）化学气相沉积法

化学气相沉积法（CVD 法）也可以制备出性能极好的单层或层数较少的石墨烯，其原理是将合适碳源如气体碳源（甲烷，CH_4 等）或固体碳源（聚甲基丙烯酸甲酯，PMMA 等）加热到高温，使之分解或气化，然后碳原子在金属单晶或柔性薄膜等衬底上沉积形成单层或寡层石墨烯。化学气相沉积法的另一要素就是选择合适的基底材料，目前用于研究的基底材料主要有金属镍基底和金属铜基底。金属镍对碳的溶解度相对较高，当使用金属镍基底时，高温时会有过多碳溶解到镍基底里，降温时镍基底中溶解的碳会过量过快沉积出来，使得制备的石墨烯层数过多和局部厚度不均，影响石墨烯的质量[63,64]。采用与碳溶解度较低的铜作为基底，通过抑制铜基底中碳的析出量和析出速率可以得到层数较少的石墨烯[65-67]。碳源分解或气化后，石墨烯在基底材料上主要有碳渗析和表面生长两种机制，如图 1.8 所示。相对而言，CVD 法快速制备高品质的石墨烯，是最具前景的大规模生产石墨烯的方式。

（4）晶体外延生长法

晶体外延生长法就是在单晶基底上生长出一层与衬底晶向相同的单晶层，就好像原来的晶体向外延伸了一段，这是一种非常有效的制备方法。外延生长方法包括碳化硅外延生长法和金属催化外延生长法。碳化硅外延生长法以 SiC 单晶片为原料，进行去氧化物处理，然后在高温和超高真空条件下，

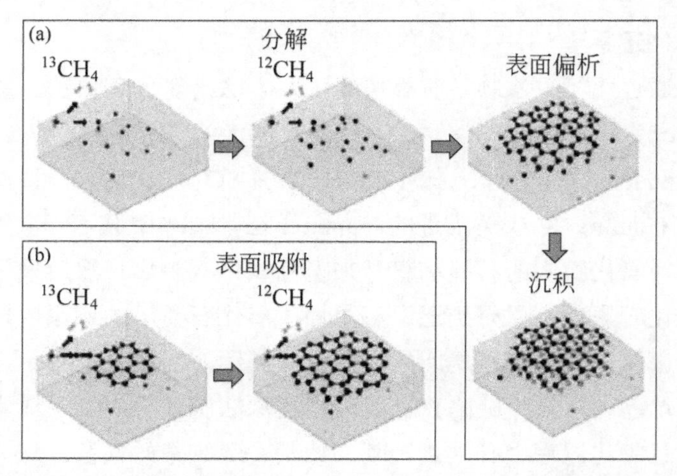

图 1.8　CVD 法生长石墨烯的（a）碳渗析机制与（b）表面生长机制

使其表层中的 Si 原子蒸发，表面剩下的 C 原子通过自组形式发生重构，即可得到基于 SiC 单晶基底的石墨烯。采用外延生长法来制备石墨烯的成本相对较高，且制备的石墨烯对 SiC 衬底表面缺陷较为敏感，因此，外延生产法制备石墨烯多采用 SiC 半导体作为衬底，无需进行衬底转移，该法制备的石墨烯可以直接用于场效应管等器件的制造[68]。

1.2.3　石墨烯基复合材料的制备方法

石墨烯基复合材料在光催化领域显示出了潜在的应用价值。单层石墨烯的引入不仅能够为催化剂粒子提供高质量的二维载体材料，而且可以使其获得优异的导电性能和氧化还原能力，进而促进复合材料整体光催化活性的提高。目前，石墨烯基复合材料光催化剂的制备方法主要有原位生长法、溶液混合法和水热/溶剂热法等。

（1）原位生长法

由于石墨烯在极性溶剂中的溶解性较差，这直接影响了催化剂粒子在其表面的均匀成长。采用化学方法表面修饰石墨烯不仅能够抑制石墨烯片的团聚，而且有利于催化粒子与石墨烯的结合。此外，石墨烯表面经过化学修饰后能够增加表面活性位以及相容性。例如，将 Zn^{2+}加入氧化石墨烯溶液中，Zn^{2+}将被吸附在氧化石墨烯表面，之后，加入氢氧化钠或硼氢化钠后在 150℃下转化为 ZnO，氧化石墨烯被还原后得到石墨烯/ZnO 复合物[69]。

（2）溶液混合法

溶液混合法也被广泛应用于制备石墨烯/半导体复合光催化剂材料。例如，Bell 等[70]将 TiO_2 纳米颗粒与氧化石墨烯胶体溶液通过超声混合，用紫外光辅助还原氧化石墨烯，得到石墨烯/TiO_2 纳米复合材料。Lin 等[71]在 *N,N*-二甲基甲酰胺（DMF）中制备了功能化氧化石墨烯片层/氰酸酯复合材料，该复合材料表现出良好的力学性能和耐摩擦性能。Liang 等[72]利用水作溶剂制备了石墨烯/聚乙烯醇（PVA）复合材料，石墨烯在 PVA 基体上被剥离成单片层，该复合材料力学性能与纯 PVA 相比显著提高，拉伸强度和杨氏模量分别提高了 76%和 62%，具有良好的热稳定性和结晶度。

（3）水热/溶剂热法

水热法和溶剂热法是在高温和固定体积的条件下，在反应釜内产生高压，制备纳米无机粒子/石墨烯复合材料的一种常用的简单方法。在该方法制备石墨烯复合材料的过程中，半导体纳米粒子或其前驱体被有效负载于石墨烯上，同时石墨烯在反应过程中被有效还原成石墨烯。例如，Ding 等[73]采用简单的溶剂热反应合成了石墨烯/超薄 TiO_2 纳米片复合材料，反应过程中，在溶剂热生长 TiO_2 纳米晶的同时，TiO_2 纳米片直接在氧化石墨烯基质上生长，然后在 N_2/H_2 氛围中进行热处理将氧化石墨烯还原为石墨烯，形成具有特殊结构的石墨烯/TiO_2 复合物。

（4）电化学沉积法

电化学沉积制备石墨烯纳米复合材料即通过电化学沉积方式将无机纳米粒子沉积在石墨烯基体上，进而制备出石墨烯复合薄膜材料，此法绿色环保且高效。Hu 等[74]以 $HAuCl_4$ 为前驱体，通过控制电沉积时间和前驱体浓度来制备复合材料的形貌。Lee 等[75]在玻碳电极（GCE）表面修饰石墨烯，在 GCE 石墨烯表面沉积上 Au，该复合电极在 $0.1\ mol\cdot L^{-1}$ 乙酸缓冲溶液中对 Pb^{2+} 离子含量有很好的响应，检出限低至 $0.8\ nmol\cdot L^{-1}$。电化学沉积法通过调整半导体前驱体的离子种类及浓度，可以实现对复合材料的形貌调控，为半导体/石墨烯复合材料的合成提供了产物设计与可控合成的新思路。

1.2.4 石墨烯复合材料的吸附性能

氧化石墨烯合成条件温和，与其他的吸附剂相比成本较低，表面也易于被其他功能化基团修饰，因此氧化石墨在重金属吸附方面显示出比其他材料更大的优越性。石墨烯复合材料的吸附反应发生的程度多依赖于吸附剂的孔隙结构和表面积，对金属离子的吸附过程很大程度上则归因于离子交换或特定孔隙上的化学吸附。对水体中低浓度的重金属离子而言，金属离子吸附在固体材料表面的过程是一个吸附材料表面配位的过程，该过程可以看作是吸附剂表面与金属离子之间的化学反应。另外，也可通过对吸附材料进行化学改性来进一步改善或提高对重金属离子的吸附效率。Hao 等[76]通过简单的两步反应制备了 SiO_2/石墨烯复合材料，其对 Pb^{2+}离子有很高的吸附效率和选择性。SiO_2/石墨烯复合材料对 Pb^{2+}离子的最大吸附量为 113.6 $mg \cdot g^{-1}$，远高于裸 SiO_2 纳米粒子。结果表明，SiO_2/石墨烯复合材料具有吸附效率高、吸附平衡快的特点，可作为一种实用的 Pb^{2+}吸附剂。Saleh 等[77]采用界面聚合法，用聚酰胺对石墨烯进行改性，得到一种有效的石墨烯基复合材料。该吸附剂具有良好的吸附性能和较高的再生效率。朗缪尔模拟结果表明，合成的 PAG 吸附剂对水溶液中的锑离子有很高的吸附能力（158.2 $mg \cdot g^{-1}$）。Ge 等[78]采用微波辐射法合成了一种新型三乙烯四胺改性氧化石墨烯/壳聚糖复合材料（TGOCs）。TGOCs 对 Cr(Ⅵ)的吸收率高于最近报道的吸附剂。在 pH 2 下获得 219.5 $mg \cdot g^{-1}$ 的最高吸附能力。Thakur 等[79]利用柑橘柠檬汁中多酚化合物和酸的综合作用，开发了一步生态友好的制备硫/还原氧化石墨烯纳米杂化物（SRGO）的方法，其合成及吸附过程如图 1.9 所示。在 pH 6~8 左右，SRGO 可以快速有效地去除 Hg^{2+}，且具有优良的可重复利用性和高选择性。

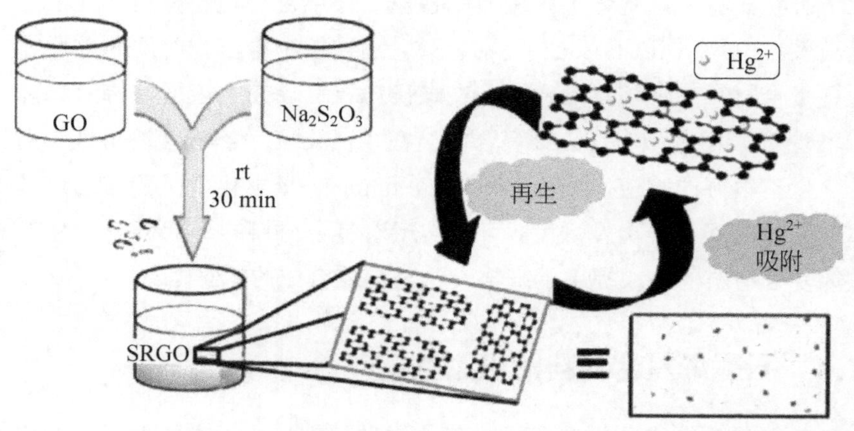

图 1.9　SRGO 合成及对 Hg^{2+} 吸附过程示意图

氧化石墨烯（GO）比表面积大，表面具有不饱和性，易与其他有机物通过 π-π 堆积作用、疏水作用、静电相互作用和氢键进行吸附[80]。此外，对于芳香族化合物，石墨烯及其复合材料在与多环芳烃发生作用的过程中产生的构象变化会影响吸附位点，从而影响其吸附行为[81]。Zhou 等[82]采用溶剂热法合成了新型复合材料 GO@MIL-101。在 288 K 和 16180Pa 下，GO@MIL-101 的丙酮吸附能力高达 20.10 $mmol \cdot g^{-1}$，与 MIL-101 相比增加了 44.4%。丙酮在 GO@MIL-101 上的解吸活化能高于 MIL-101，说明丙酮分子与 GO@MIL-101 之间的相互作用较强。Noorpoor 等[83]研究了 UIO-66 与氧化石墨烯复合材料对二氧化碳的吸附平衡模型。首先使用了六种吸附等温线模型，包括 Langmuir、Freundlich、Bet、Toth、Dubinin-Astakhov 和 Maxwell-Stefan 模型。然后利用直接搜索极小化法求解的理想吸附溶液理论（IAST）对 UIO-66/GO-5 复合材料上 CO_2/N_2 二元混合气体的吸附平衡进行了预测。Yang 等[84]以 GO 和壳聚糖（CHIT）为原料，制备了 GO-CHIT 复合吸附剂。GO-CHIT 对铀的最大吸附量达到 50.51 $mg \cdot g^{-1}$，最大铀去除率达到 97%。

石墨烯及其复合材料具有优异的吸附特性，但仍存在一些问题需要深入探索。具体表现在：吸附材料制备过程繁杂；对目标污染物的选择性不强；多数材料吸附后不易回收，进一步污染环境。这些问题有待以后进行深入探讨。

1.2.5 石墨烯复合材料的电催化性能

石墨烯具有许多优异而独特的物理、化学和力学性能，基于石墨烯的相关研究也成为目前电分析化学领域的热点研究领域之一[85-87]。石墨烯具有独特二维平面结构，使其成为一个非常理想的载体材料用于制备石墨烯基复合材料。同时，石墨烯内在的优异性能也使得石墨烯基复合材料呈现出许多优异的特性，并引起了极大的关注。

石墨烯负载的无机粒子可分为纳米金属粒子（Pt、Au、Pd、Ag 等）和金属氧化物（Cu_2O、TiO_2、ZnO 等）[88]。纳米催化剂单独作用于反应体系中，易发生团聚现象，导致催化剂失活，影响催化剂效率，但石墨烯和纳米颗粒复合后，不仅可以很好地解决纳米材料因团聚而导致失活的现象，大幅提升催化剂的重复使用性能，同时又可以增加催化剂之间的电子传输能力，进而提高催化活性。Yoo 等[89]采用 $Ar\text{-}H_2$ 氛围热处理方法制备的 Pt/石墨烯复合催化剂对甲醇氧化反应具有良好的催化效果。Liang 等[90]在石墨烯表面修饰了 Co_3O_4 纳米粒子，通过它们的协同作用，对 O_2 还原反应表现了极高的催化性能。汪尔康等[91]首次采用湿化学法合成了三维 Pt-Pd 与石墨烯的复合材料，其电化学活性表面面积高达 81.6 $m^2 \cdot g^{-1}$，显示出很高的电催化氧化甲醇的活性。Ishikawa 等[92]通过乙二醇还原的方法制备出了石墨烯基 PtCo 和 PtCr 合金，研究了其对 O_2 还原反应的催化性能，结果表明复合材料具有更好的电催化活性以及更优越的稳定性。张天祎等[93]采用循环伏安法将硫堇在石墨烯修饰的玻碳电极表面聚合，得到了一种新的聚硫堇/石墨烯修饰电极，此电极兼备了石墨烯和聚硫堇的特性。该修饰电极能有效降低 NADH 的过电位；对 NADH 的检测范围为 2.4×10^{-6}~4.89×10^{-3} $mol \cdot L^{-1}$，检出限为 6.826×10^{-7} $mol \cdot L^{-1}$。

石墨烯复合过渡金属氧化物材料在氧还原反应（ORR）上表现出了优秀的催化性能，主要得益于以下几条优点：

① 石墨烯片层具有的一定的柔韧性，能够为金属氧化物提供足够的锚定点，并且能够有效地阻止氧化物的团聚[94]；

② 石墨烯的比表面积大，能够促进固/气界面接触能力，在催化 ORR 过程中，能够大量吸附氧气，从而促进 ORR 反应的进行；

③ 石墨烯中完整的碳结构能促进其导电性能，尤其能够加大材料在石墨烯与金属氧化物之间的电子传输能力[95]；

④ 石墨烯本身的结构缺陷例如原子掺杂能够提供额外的活性中心，进一步提高电化学性能[96]。

所以，石墨烯基体相比于其他碳材料更能够有效地克服一般过渡金属氧化物自身导电性差、易发生团聚等缺点，利用合成条件的控制，选择活性物质的种类及结构，使得材料能够表现出优异的电化学活性，是开发高效廉价的新型 ORR 催化剂的一个极具潜力的研究方向[97]。

陈驰等[98]以高含氮量的 2-氨基咪唑为氮源，三氯化铁为铁源，高比表面积的 KJ600 炭黑为载体，通过水热法制得氨基咪唑聚合物前驱体，再经两次高温热处理，制得石墨烯/炭黑复合材料。该催化剂在酸性和碱性介质中都具有很高的氧还原电催化活性和低 H_2O_2 产率，并且在碱性介质中对甲醇小分子的抗毒化性能明显优于商业 Pt/C 催化剂，展示出在实际燃料电池系统中的应用潜力。李静等[99]采用两步热解法，用尿素掺杂氧化石墨烯得到 N 掺杂的还原氧化石墨烯（N-rGO）。N-rGO 在酸性电解质中对氧还原（ORR）有较高的催化活性，起始电位在0.1 V左右，电催化还原氧气时主要为四电子反应，且相对商用的Pt/C催化剂有更好的电化学稳定性。

石墨烯复合过渡金属氧化物材料在电化学析氢反应上也表现出了优秀的催化性能。曹朋飞等[100]以四硫代钼酸铵和氧化石墨为前驱体，利用γ射线对其辐照还原，一步法制备了钼硫化物/还原氧化石墨烯（MoS_x/RGO）复合材料。MoS_x/RGO复合材料具有优异的催化性能，其催化起始电压为110 mV，在电流密度为10 $mA \cdot cm^{-2}$时过电势仅为160 mV，塔菲尔（Tafel）斜率为46 $mV \cdot dec^{-1}$，说明该催化剂催化析氢机理为Volmer-Heyrovesy机理。李作鹏等[101]以NaH_2PO_2和Ni_2SO_4为磷源和镍源，使用一锅法合成了非晶态NiP合金及其碳纳米（乙炔黑和石墨烯）复合催化剂。通过线性扫描伏安对催化剂在酸性和碱性条件下的析氢性能进行了评价，研究结果表明，在0.5 $mol \cdot L^{-1}$ H_2SO_4中的起始过电位为89.0 mV，塔菲尔斜率为135.1 $mV \cdot dec^{-1}$；在1 $mol \cdot L^{-1}$ NaOH中，起始过电位为116.1 mV，塔菲尔斜率为122.4 $mV \cdot dec^{-1}$。这与商业化铂黑催化剂很接近。

狄沐昕等[102]以石墨烯/*N*-甲基吡咯烷酮（NMP）分散体和$Co(NO_3)_2$混合物为前驱体，经过高温和化学掺杂处理，制备了钴/氮掺杂的碳纳米管/石墨烯复合材料。在钴盐催化下，石墨烯分散体中的有机溶剂NMP成为碳源，在石墨烯表面形成高密度的碳纳米管，形成了三维多级结构。同时，钴离子部分氧化成为氧化物，部分与N形成Co-N活性位点，其协同作用极大改善了催化剂的氧还原性能。其中Co/N-CNT/Gr-800的还原峰电位为−0.137 V（vs. SCE），极限电流密度为4.24 $mA \cdot cm^{-2}$，电子转移数为3.34，表现出优异的耐甲醇中毒能力。

1.2.6 石墨烯复合材料的光催化性能

近几十年来，随着工业的发展和人们生活方式的转变，人类赖以生存的自然环境受到了严重污染，如水体污染、大气污染等，环境问题已成为亟待解决的重大问题。众所周知，造成这些环境污染的主要原因是对化石燃料的开采利用、工业废水废气的大肆排放等。所以要解决这一问题，主要应从两方面着手：一是产能结构的升级，即使用氢气、太阳能等清洁能源逐步取代化石原料；二是环境治理方法的改进，比如在污水治理方面，则需强力而又没有二次污染的方法来弥补现存微生物降解、化学消毒等方法的不足。随着科学研究人员的不断探索，光催化技术应运而生[103]，其主要是基于光催化材料在一定波长光照条件下的氧化还原特性而具有光解水产生氢气和环境净化（如多氯联苯类、酚类、脂肪酸类等有机物污染物的降解及Cr^{6+}、Hg^{2+}、Pt^{4+}等重金属离子的还原）的功效[104-108]，这恰好满足了解决环境问题的两个主要方面。光催化技术的优越性，吸引了越来越多的研究人员参与到光催化材料的研究中。

（1）光催化剂对金属离子的光催化性能

光催化还原重金属机理是在光的照射下，当光子能量高于光催化剂吸收阈值时，光催化剂价带中的电子就会发生跃迁，即从价带跃迁到导带，产生空穴（h^+）和光生电子（e^-），此时吸附在光催化剂材料表面的物质就会发生氧化还原反应。其中价带上的光生空穴将会参与氧化反应产生OH^-和生物质，而导带上的光生电子将会参与还原反应，实现重金属的还原。

Cr^{6+}、Cr^{3+}、Pb^{2+}、Cd^{2+}、Hg^{2+}、Cu^{2+}等重金属离子会对环境和人体健康造成不利影响。石墨烯材料不仅能吸附这些重金属离子，还可以在光催化下还原重金属离子。Liu 等[109]利用紫外光辅助还原氧化石墨烯（rGO）的乙醇溶液制备得到 ZnO/rGO 复合材料，其对Cr^{6+}的光催化去除率达到了 96%，远高于 ZnO 对Cr^{6+}的去除率 67%，这归因于复合材料对光较高的吸收强度和较宽的吸收波长，且 rGO 具有较快的转移电子能力，能有效降低电子-空穴的复合和 ZnO 的光腐蚀问题。该催化剂的光催化具有良好的稳定性和重复使用性能。Yang 等[110]通过静电自组装制备均匀的 B_2WO_6/还原氧化石墨烯（BWO/rGO）纳米复合材料。以重金属离子 Cr^{6+}的去除为探针反应，研究了 BWO/rGO 的光催化活性。实验结果表明，BWO/rGO 复合材料的光催化氧化还原活性主要取决于光诱导电子或空穴的能级。由于导带边缘的上升和光生电子/空穴改进分离的协同作用，BWO/rGO 的光催化还原反应的活性显著提高。Boruah 等[111]采用生态友好的溶液化学方法制备了 Fe_3O_4/rGO 纳米复合光催化剂，其光催化机理如图 1.10 所示。在 25 min 内，纳米 Fe_3O_4/rGO 复合材料在阳光照射下可将 96%以上的Cr^{6+}水溶液光催化还原为无毒的Cr^{3+}水溶液。

Fe_3O_4/rGO 复合材料是一种易于回收和可重复使用的光催化剂，具有环境修复应用的潜力。周庆芳等[112]以自制氧化石墨烯（GO）和钛酸丁酯为主要原料，用溶胶-凝胶法制备 TiO_2/GO 纳米复合材料。在紫外光照下该纳米复

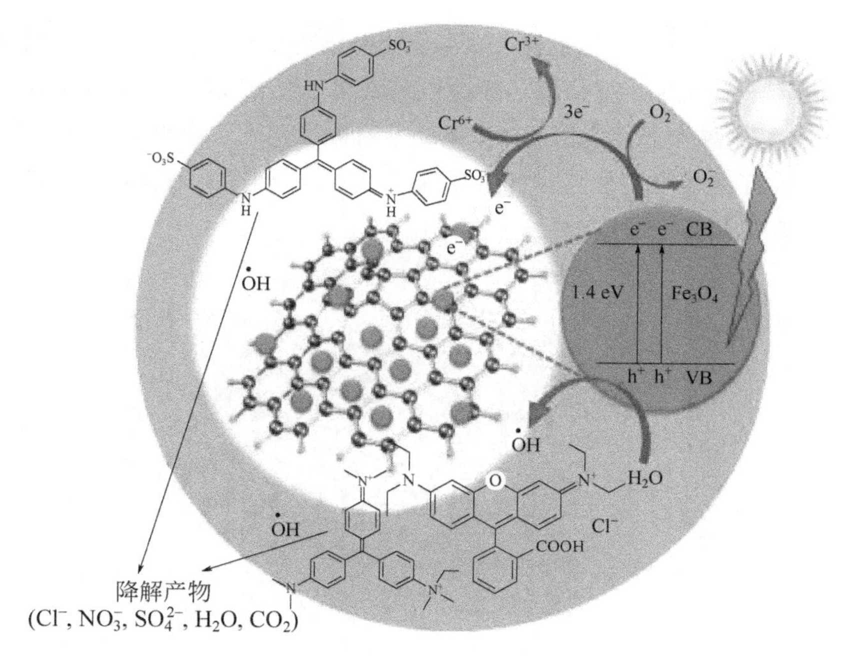

图 1.10 Fe_3O_4/rGO 的光催化机理图[111]

合材料能将 $K_2Cr_2O_7$ 中的 Cr^{6+} 还原为 Cr^{3+}，含 5% GO 的 TiO_2/GO 复合材料在 100 min 内对 Cr^{6+} 的还原率可达 91%，研究结果显示该复合材料对于含有危害较大的 Cr^{6+} 废水的高效快速处理具有潜在的应用价值。Liu 等[113]利用微波合成系统，将硫酸锌与氧化石墨分散体在水溶液中微波辅助反应，成功地制备了 ZnO/GO 复合材料。在复合材料中，GO 纳米片被 ZnO 纳米片修饰得很紧密，具有良好的结合力。ZnO/GO 复合材料在紫外光照射下比纯 ZnO（58%）还原 Cr^{6+} 时表现出更强的光催化性能，这是由于光吸收强度和范围的增加，以及引入 GO 后降低了电子-空穴对复合的缘故。Shen 等[114]通过静电作用将 RGO-UIO-66(NH_2)和 GO 结合在一起，然后通过水热还原制备了 UIO-66 (NH_2)/还原氧化石墨烯复合材料，其光催化机理如图 1.11 所示。这种纳米复合材料提高了 UIO-66(NH_2) 还原 Cr^{6+} 的光催化活性。Mohamed 等[115]基于静电纺丝技术制备了 PAN-CNT/TiO_2-NH_2 复合纳米纤维，在可见光（125 W）作用下 30 min 后其对 Cr^{6+}具有良好的光还原性能。紫外-可见分光光度计和 XPS 分析表明，铬酸盐中的 Cr^{6+} 被还原为 Cr^{3+}。此外，苯酚的加入可以增强 Cr^{6+}的光催化还原。在至少 5 个再生周期后，发现所制备的复合纳米纤维是稳定的。Kumordzi 等[116]使用水热法合成的二氧化钛和石墨烯复合

催化剂来光还原 Zn^{2+}，他们考察了该复合光催化剂在不同工艺条件下的性能，如酸碱度、光照强度、催化剂负载量和光源等。与未掺杂的二氧化钛相比，二氧化钛-石墨烯复合光催化剂在太阳光下对锌的光还原量增加了 20.3%。这种增强是由于更多吸附位点、TiO_2 的带隙减小以及 TiO_2/石墨烯复合催化剂中电荷分离的高效性所致。

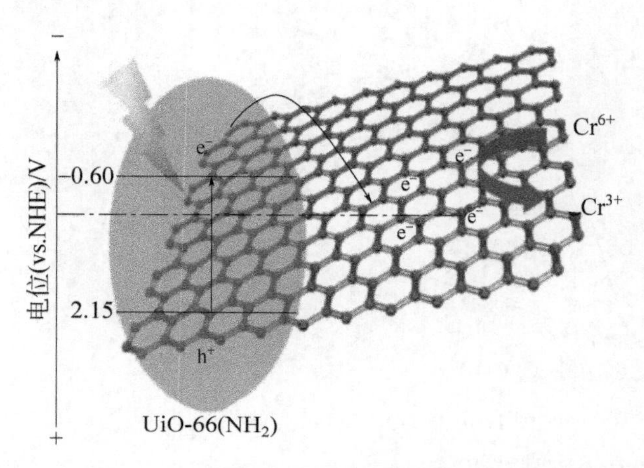

图 1.11　UIO-66(NH_2)/还原氧化石墨烯光催化还原 Cr^{6+} 的机理图[114]

（2）光催化剂对有机污染物的光催化降解性能

纺织染整工业废水中含有大量有色染料，排放到水体环境中会造成严重的水体污染。大部分染料呈溶解态，根据带电性不同又分为阴离子型染料和阳离子型染料。利用高级氧化技术如光催化、光 Fenton 等方法可以实现染料的高效脱色降解。Zhang 等[117]以乙腈为碳源，镍纳米粒子为催化剂，采用化学气相沉积（CVD）法，用碳纳米管柱撑 GO，制备具有高比表面积和良好导电性的石墨烯基材料。以碳纳米管为柱撑的 RGO 层复合材料形成了高达 352 $m^2 \cdot g^{-1}$ 的三维多孔结构，具有独特的多孔结构和石墨烯优异的电子转移性能，在降解染料罗丹明 B 方面表现出优异的可见光光催化性能。Lv 等[118]利用微波合成系统，采用快速简便的微波辅助反应合成了氧化锌还原石墨烯复合材料。研究了它们在亚甲基蓝降解中的光催化性能。在 1.1%（质量分数）还原氧化石墨烯（rGO）的 ZnO-rGO 复合材料中，rGO 对亚甲基蓝的光催化性能起到了重要作用，在中性溶液中，紫外光照射 260 min，使其降解效率达到 88%。与纯氧化锌（68%）相比，引入 rGO 后，ZnO-rGO 由于光吸收增加，电荷复合降低。Seema 等[119]通过 GO 与 $SnCl_2$ 之间的氧化还原反应，制

备了表面修饰有 SnO_2 纳米颗粒的 rGO-SnO_2 薄膜。与裸 SnO_2 纳米粒子相比，rGO-SnO_2 复合材料在太阳光下对有机染料亚甲基蓝的光催化降解活性增强。为了提高 TiO_2 的光催化活性，使用适当的共轭聚合物［例如聚己基噻吩（P_3HT）］与 TiO_2 形成复合物可以延长光收集的吸收。这种光催化材料还具有很高的电荷分离能力，增加了光催化反应。此外，为了降低对光催化性能有强烈影响的电子空穴复合速率，可以将石墨烯以其高导电性并入 P_3HT/TiO_2 复合材料中，以改善材料中的电荷传输。然而，石墨烯的尺寸对复合材料光催化性能的影响还没有得到足够的研究。Song 等[120]研究了 P_3HT/GO 复合材料，考察了石墨烯尺寸对材料形貌和光学性能的影响。利用拉曼光谱、红外光谱、吸收光谱、稳态光致发光光谱和时间分辨光致发光光谱对不同尺寸石墨烯（以石墨烯每表面单位的质量表示）合成的复合材料进行了光学表征。在可见光照射下，通过罗丹明溶液的降解过程，研究了 TiO_2/P_3HT/GO 复合膜的光催化活性，结果表明含有中等尺寸 GO（150 $m^2 \cdot g^{-1}$）的复合样品具有最佳的光催化性能。

持久性有机物（例如苯酚、双酚 A 、硝基苯、阿特拉津、氯酚类有机物等），会沿着食物链富集，具有三致效应，在环境中可以持久存在，难以被完全降解去除，而石墨烯基光催化材料可以实现对持久性有机物的催化降解。Zhang 等[121]通过简单水热反应制备了 TiO_2/GO 的纳米复合物。TiO_2/GO 纳米复合物相比裸 TiO_2，在空气中挥发性芳香族污染物苯的气相降解方面表现出更高的光催化活性和稳定性（图 1.12）。Peng 等[122]采用一种新型两相混合方法成功合成了 GO/CdS 复合材料。在可见光照射下，近 100%的革兰氏阴性

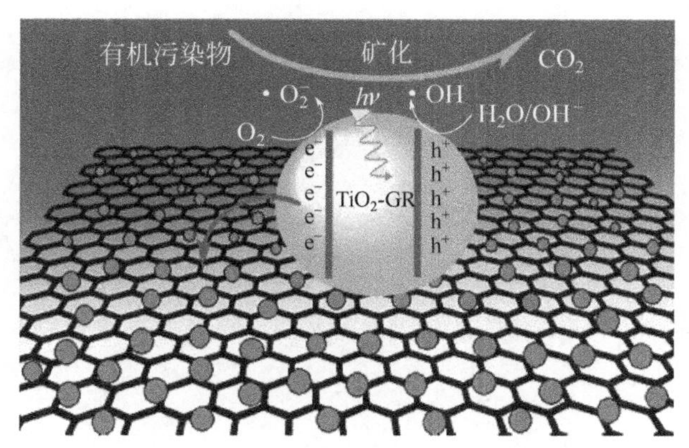

图 1.12　TiO_2/GO 的纳米复合物的光催化机理[121]

大肠杆菌和革兰氏阳性枯草芽孢杆菌在 25 min 内被杀死。GO/CdS 复合材料的优良性能可归因于：①从 CdS 到 GO 的有效电荷转移降低了光生电子-空穴对的复合速率；②在 GO 板上均匀沉积 CdS，消除了 CdS 纳米粒子的聚集；③GO 与 CdS 之间的强相互作用增强了材料的性能。

（3）光催化制氢性能

氢能源是一种理想的二次能源，其具有较高的热值、环境友好和可循环利用等特点，是一种重要的清洁能源。而且光催化制氢的动力能源太阳能取之不尽，光催化制氢技术近年来被广泛研究。石墨烯具有优异的导电性能和高的比表面积，因此它作为电子媒介在与光催化剂复合后能够增强载流子传输并减少生成水的逆反应发生，大大增强产氢效率。Fan 等[123]以 TiO_2、还原氧化石墨烯（rGO）和氧化亚铜（Cu_2O）为原料，分别采用水热法和化学溶液沉积法在导电玻璃基板上逐步引入三种材料。TiO_2、rGO 和 Cu_2O 的协同作用有利于提高吸收光谱范围和电子-空穴分离。TiO_2/rGO/Cu_2O 异质结构的产氢率高达 631.6 $\mu mol \cdot h^{-1} \cdot m^{-2}$（辐射强度：47 $mW \cdot cm^{-2}$），几乎是裸 TiO_2 的三倍。Xie 等[124]采用简单的水热法制备了 S,N 共掺杂石墨烯量子点（S,N-GQD），并与 P25（TiO_2）偶合制备 S,N-GQD/P25 复合材料，研究了其光催化制氢性能，机理如图 1.13 所示。在不加载贵金属助催化剂的情况下，具有显著的光吸收范围和优异的耐用性。与纯 P25 相比，该复合材料在可见光（λ = 400~800 nm）下的光催化活性有很大的提高。S,N-GQD/P25 复合材

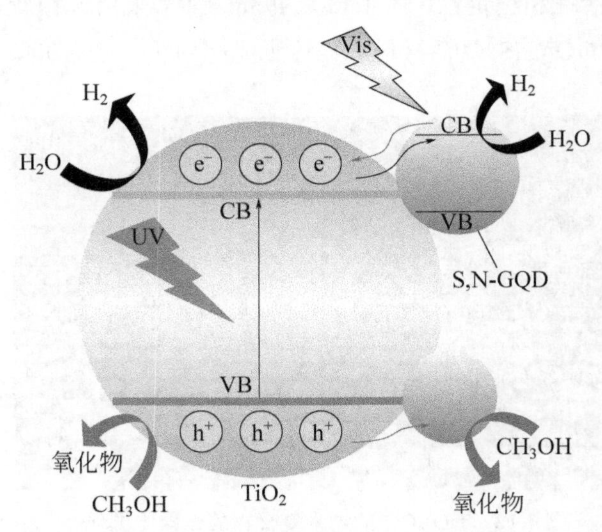

图 1.13 紫外光下 S,N-GQD/P25 复合材料光催化制氢机理

料光催化活性的显著提高可归因于 S,N-GQD 对增强可见光吸收、促进光生电子和空穴的分离和转移起着关键作用。

太阳能水分解为可持续制氢和太阳能储存提供了一条有前景的途径。近年来，金属-有机框架（MOFs）作为各种太阳能转换应用的有前途的材料受到了广泛的关注。然而，由于电子-空穴的快速复合，它们的光催化性能较差，很少被研究。Karthik 等[125]开发了一种材料 MOF@rGO，它具有高度增强的可见光光催化活性。实时研究表明，MOF 与 rGO 之间的强 π-π 相互作用有助于电子-空穴对的有效分离，从而提高光催化制氢活性。与原始 MOF 相比，MOF@rGO 的光催化产氢活性提高了约 9.1 倍。π-π 相互作用介导的电荷载流子分离实现了显著的量子效率（0.66%）。Li 等[126]以 GO 为载体，醋酸镉［$Cd(Ac)_2$］为 CdS 前体，采用溶剂热法制备了 CdS/GO 材料。在可见光照射下，在石墨烯含量为 1.0%（质量分数）和 Pt 含量为 0.5%（质量分数）的情况下，其 H_2 生成率高达 1.12 $mmol\cdot h^{-1}$（约为纯 CdS 纳米粒子的 4.87 倍）。在 420 nm 波长下，其表观量子效率为 22.5%。这种高光催化 H_2 活性主要归因于石墨烯的存在，石墨烯作为电子收集器和传输器，可有效延长 CdS 纳米颗粒的光生电荷载体的寿命。这项工作突出了石墨烯基材料在能量转换领域的潜在应用。

石墨烯基光催化材料作为新型光催化剂，其合成、修饰和环境应用均引起了广泛关注和研究。石墨烯基光催化材料的催化活性与石墨烯的结构、吸附反应位点及其与半导体/金属的接触位点均有密切关系，而关于石墨烯基光催化材料催化转化污染物的机理研究虽已经取得了一定的进展，但是关于石墨烯团聚及纳米催化剂的活性调控，以及石墨烯基光催化材料中对半导体催化剂的活化、界面反应行为和作用机理仍然有待进一步的研究。

1.3 小结

石墨烯/碳纳米管复合材料的制备方法日趋成熟，在制备光电器件、储能电池、电化学传感器等领域的应用也逐渐崭露头角，但是仍面临着艰巨的挑战。

第一，复合材料的主要制备方法都有各自的缺点和不足，要想获得操作易控、生产成本低、原料利用率高、产品质量优良的制备方法还需深入研究与探索。

第二，在石墨烯/碳纳米管之间形成特殊结构的复合材料的制备方面尚有欠缺；制备碳纳米管在石墨烯层间高取向分布的三维柱状结构和石墨烯带螺旋插入或包裹碳纳米管结构的复合材料的制备还停留在计算机理论模型当中；制备的三维柱状石墨烯/碳纳米管纳米结构还未实现碳纳米管在石墨烯层间的高取向分布；初步实现了在纳米管中形成石墨烯带，但离真正地实现螺旋插入还有一定距离。

第三，石墨烯/碳纳米管复合材料的协同作用机制的研究还不够深入，尤其是理论方面。

第四，石墨烯基吸附材料用于处理重金属离子、有毒非金属离子、染料、油污和有机污染物等具有极高的吸附容量和较快的吸附速率，是一类极具应用前景的吸附材料，但不具有针对性；吸附后水溶液中微纳尺度的石墨烯基吸附材料的回收利用是目前面临的难题；缺乏对石墨烯材料吸附后循环再生的相关研究。

综上所述，石墨烯/碳纳米管复合材料制备方法的不断完善和协同机制的深入研究必将成为未来发展重点，特殊结构尤其是有序结构制备和性能研究将成为该材料研究的高端方向。本书主要开展了以下几方面的研究：

（1）采用电沉积法在大小不同和形状各异的基体上沉积制备了多种具有优异特性的石墨烯/碳纳米管复合材料，具有制备工艺简单、价廉、方便的特点，有利于拓宽石墨烯/碳纳米管复合材料的应用。

（2）通过调控石墨烯表面双金属或合金的结构、表面成分、颗粒尺寸和粒径分布来控制金属的电子和几何效应，提高了复合材料的催化性能。以该复合材料作为传感界面，有利于实现对某些物质特定的电化学催化，有利于提高修饰电极的选择性、灵敏度和稳定性，可以实现对某种样品的高效测定。

（3）通过简单易控的方式制备出金属化合物/石墨烯复合材料，基于其大的比表面积、高的吸附容量和良好的稳定性，研究了其光催化性能和吸附性能，拓宽金属化合物/石墨烯复合材料的应用领域。

（4）用碳纳米管负载型催化剂，通过电沉积方法，制备出金属氧化物/碳纳米管复合材料。利用碳纳米管提高活性组分的比表面积，解决常规催化剂比表面积小、催化活性低、催化剂粉体易团聚的难题，充分发挥复合材料间的协同作用。

参考文献

[1] 李文春，沈烈，郑强．多壁碳纳米管填充高密度聚乙烯复合材料的导电特性[J]．高等学校化学学报, 2005, 26(2): 382-384.

[2] 易健宏，杨平，沈韬．碳纳米管增强金属基复合材料电学性能研究进展[J].复合材料学报, 2016, 33(4): 689-703.

[3] 郭小天，许海燕．碳纳米管及其复合材料在生物医学领域的研究进展[J]．生物医学工程学杂志, 2006, 23(2): 438-441.

[4] 郭连权，马贺，李辛，等．碳纳米管结构的模拟计算[J]．沈阳工业大学学报，2005, 27(4): 466-469.

[5] 李春花，贺小光，卓春蕊，等．碳纳米管的制备方法[J]．科技经济导刊, 2016, (32):70.

[6] 成会明．纳米碳管制备、结构、物性及应用[M]．北京：化学工业出版社, 2002.

[7] Berger C, Yi Y, Wang ZL, de Heer WA. Multiwalled carbon nanotubes are ballistic conductors at room temperature[J]. Appl. Phys. A, 2002, 74: 363-365.

[8] Wei BQ, Vajtai R, Ajayan PM. Reliability and current carrying capacity of carbon nanotubes[J]. Appl. Phys. Lett., 2001, 79: 1172-1174.

[9] Robertson DH, Brenner DW, Mintmire JW. Energetics of nanoscale graphitic tubules[J]. Phys. Rev. B, 1992, 45: 12592-12595.

[10] Yu MF, Files BS, Arepalli S, Ruoff RS. Tensile loading of ropes of single wall carbon nanotubes and their mechanical properties[J]. Phys. Rev. Lett., 2000, 84: 5552-5555.

[11] Berber S, Kwon YK, Tománek D. Unusually high therma conductivity of carbon nanotubes[J]. Phys. Rev. Lett., 2000, 84: 4613-4616.

[12] Hone J, Batlogg B, Benes Z, Johnson AT, Fischer J E. Quantized phonon spectrum of single-wall carbon nanotubes[J]. Science, 2000, 289: 1730-1733.

[13] Baughman RH, Zakhidov AA, de Heer WA. Carbon nanotubes-the route toward applications[J]. Sci., 2000, 297: 787-792.

[14] Kandah MI, Meunier J. Removal of nickel ions from water by multi-walled carbon nanotubes[J]. J. Hazard. Mater., 2007, 146(1-2): 283-288.

[15] Lu C, Chiu H. Adsorption of zinc(Ⅱ) from water with purified carbon nanotubes[J]. Chem. Eng. Sci., 2006, 61(4): 1138-1145.

[16] Vukovi GD, Marinkovi AD. Removal of cadmium from aqueous solutions by oxidized and ethylenediamine-functionalized multi-walled carbon nanotubes[J]. Chem. Eng. J., 2010, 157(1): 238-248.

[17] Li R, Chang X, Li Z, et al. Multiwalled carbon nanotubes modified with 2-aminobenzothiazole modified for uniquely selective solid-phase extraction and determination of Pb(Ⅱ) ion in water samples[J]. Microchim. Acta, 2011, 172(3-4): 269-276.

[18] 肖得力，李卉，何华，等．羧基化多壁碳纳米管/Fe_3O_4 磁性复合材料对水中铜（Ⅱ）的吸附性能[J]．新型炭材料, 2014, 29(1): 14-25.

[19] 虞琳琳, 马杰, 虞晓敏, 等. 次氯酸钠改性磁性碳纳米管吸附剂的制备及吸附性能研究[J]. 水处理技术, 2011, 37(10): 21-26.

[20] 熊振湖, 王璐, 周建国, 等. 磁性多壁碳纳米管吸附水中双氯芬酸的热力学与动力学[J]. 物理化学学报, 2010, 26(11): 2890-2898.

[21] 王可, 李虹雨, 任华堂, 等. 多壁碳纳米管吸附水中典型苯酚类物质[J]. 工业水处理, 2018, 38(11): 40-44.

[22] 马雁冰, 刘会娥, 陈爽, 等. 碳纳米管-石墨烯气凝胶制备及其对水中乳化油的吸附特性[J]. 化工学报, 2018, 69(4): 1508-1517.

[23] 苗智颖, 念陈, 邵学广, 等. 基于多壁碳纳米管-铂纳米颗粒纳米复合材料的乙醇生物传感器[J]. 传感技术学报, 2017, 30(1): 16-19.

[24] 李书芳, 张思宇, 王会娟, 等. 基于纳米金和碳纳米复合材料的辣根过氧化物酶生物传感器的研究[J]. 河南大学学报: 自然科学版, 2018, 48(2): 246-252.

[25] 樊雪梅, 王书民, 李哲建, 等. 基于 $Ru(bpy)_3^{2+}$/AuNPs/SWCNTs/腺苷适配体电化学发光生物传感器用于腺苷的检测[J]. 分析化学, 2017, 45(9): 1353-1359.

[26] 李明阳, 马春霞, 杨渊, 等. 一种检测含 *tst* 基因金黄色葡萄球菌的纳米生物传感器[J]. 生物技术通报, 2017, 33(12): 81-86.

[27] 常波, 叶丹, 王敏, 等. 磁性碳纳米管修饰 POD-GOD 双酶系统葡萄糖传感器的研究[J]. 成都师范学院学报, 2018, 34(9): 96-103.

[28] Shahrokhian S, Rastgar S. Electrodeposition of Pt-Ru nanoparticles on multi-walled carbon nanotubes: Application in sensitive voltammetric determination of methyldopa[J]. Electrochim. Acta, 2011, 58: 125-133.

[29] 李利花, 蔡自由. RuO_2/MWNTs 纳米复合材料用于无酶型葡萄糖传感器的研究[J]. 广州化学, 2015, 11: 48-52 + 59.

[30] 项园, 熊万明, 廖晓宁, 等. 基于单层二硫化钨-多壁碳纳米管电化学传感器的构建及其对猕猴桃中多菌灵的检测研究[J]. 江西农业大学学报, 2017, 39(6): 1147-1153.

[31] 王穗萍, 李亚飞, 赵耀宗, 等. 基于电沉积碳纳米管的铅离子电化学传感器[J]. 湘潭大学自然科学学报, 2016, 38(1): 73-77.

[32] Gong M, Wu Z, Tsai MC, et al. Nanoscale nickel oxide/nickel heterostructures for active hydrogen evolution electrocatalysis[J]. Nat. Commun., 2014, 5: 4695.

[33] Tian GL, Zhang Q, Zhang BS, et al. Catalysts: Toward Full Exposure of “Active Sites”: Nanocarbon Electrocatalyst with Surface Enriched Nitrogen for Superior Oxygen Reduction and Evolution Reactivity[J]. Adv. Funct. Mater., 2014, 24: 5956-5962.

[34] 陈晨, 李丽, 陈金华, 等. Pt-CeO_2/聚苯乙烯磺酸盐功能化碳纳米管复合物的制备及对甲醇的电催化氧化性能[J]. 高等学校化学学报, 2018, 39(1): 157-165.

[35] 屈建平, 张校刚, 胡风平. RuO_2/SWNTs-Pt 修饰电极对二氧化碳的电催化还原[J]. 新疆大学学报(自然科学版), 2004, 21(4): 389-394.

[36] 肖信, 张伟德. 碳纳米管/半导体复合材料光催化研究进展[J]. 化学进展, 2011, 23(4): 657-668.

[37] 李鑫, 何世育, 李忠. 碳纳米管改性铁酸铋光催化还原 CO_2 合成甲醇[J]. 硅酸盐学报,

2009, 37(11): 1869-1872.

[38] 徐志兵，周建军，魏先文. 负载 TiO_2 的碳纳米管光催化降解腈纶废水的研究[J]. 安徽师范大学学报(自然科学版), 2005, 28(1): 61-64.

[39] 宋优男，关卫省. ZnO/碳纳米管复合光催化材料对抗生素的光催化降解[J]. 应用化工, 2012, 41(7): 1172-1175.

[40] 穆劲，陈丽莉，康诗钊,等. 曙红-碳纳米管-CuO/CoO 体系的光催化还原水制氢性能[J]. 无机化学学报, 2012, 28(2): 251-256.

[41] Geim AK, Novoselov KS. The rise of graphene[J]. Nat. Mater., 2007, 6(3): 183-191.

[42] Bekyarova E, Sarkar S, Wang F, et al. Effect of Covalent Chemistry on the Electronic Structure and Properties of Carbon Nanotubes and Graphene[J]. Acc. Chem. Res., 2016, 46(1):65-76.

[43] Novoselov KS, Geim AK, Morozov SV, et al. Two-dimensional gas of massless Dirac fermions in graphene[J]. Nat. 2005, 438(7065): 197-200.

[44] Gomez NC, Burghard M, Kern K. Elastic Properties of chemically derived single-graphenes-heets[J]. Nano Lett., 2008, 8(7): 2045-2049.

[45] Margine, ER, Boequet ML, Blase X. Thermalstability of graphene and nanotube covalent functionalization[J]. Nano Lett., 2008, 8(10): 3315-3319.

[46] Nair RR, Blake P, Grigorenko AN, et al. Fine structure constant defines visual transparency of graphene.[J]. Sci., 2008, 320(5881): 1308-1308.

[47] Skowronski JM, Urbaniak J, Olejnik B. Influence of the primary $ZnCl_2$ intercalate on electrochemical biintercalation of H_2SO_4 into graphite[J]. J. Phys. Chem., 2004, 65(2): 303-308.

[48] 袁小亚. 石墨烯的制备研究进展[J]. 无机材料学报, 2011, 26(6): 561-570.

[49] 周春玉，曾亮，吉莉，等. 石墨烯及其复合材料导热性能的研究现状[J]. 材料开发与应用, 2010, 25(6): 94-100.

[50] Enoki T, Takai K. Uneonventional electronic and magnetic functions of nano-graphene based host-guest systems [J]. Dalton Trans., 2008, 29: 3773-3778.

[51] 唐多晶，李晓红，袁春华，杨宏道. 机械剥离法制备高质量石墨烯的初步研究[J]. 西南科技大学学报, 2010, 25(3): 16-18, 59.

[52] Wang G, Yang J, Park J, et al. Facile Synthesis and Characterization of Graphene Nanosheets[J]. J. Phys. Chem. C., 2008, 112(22): 8192-8195.

[53] Lei Z, Lu L, Zhao XS. The Electrocapacitive Properties of Graphene Oxide Reduced by Urea[J]. Energ. Envron. Sci., 2012, 5(4): 6391-6399.

[54] Amarnath CA, Hong CE, Kim NH, et al. Efficient synthesis of graphene sheets using pyrrole as a reducing agent[J]. Carbon, 2011, 49(11): 3497-3502.

[55] Pei S, Zhao J, Du J, et al. Direct reduction of graphene oxide films into highly conductive and flexible graphene films by hydrohalic acids[J]. Carbon, 2010, 48(15): 4466-4474.

[56] Fan Z, Wang K, Wei T, et al. An environmentally friendly and efficient route for the reduction of graphene oxide by aluminum powder[J]. Carbon, 2010, 48(5): 1686-1689.

[57] Mei X, Ouyang J. Ultrasonication-assisted ultrafast reduction of graphene oxide by zinc powder at room temperature[J]. Carbon, 2011, 49(15): 5389-5397.

[58] Fan ZJ, Kai W, Yan J, et al. Facile Synthesis of Graphene Nanosheets via Fe Reduction of Exfoliated Graphite Oxide[J]. Acs Nano, 2011, 5(1): 191-198.

[59] Hummers WS, Offeman RE. Preparation of graphitic oxide[J]. J. Am. Chem. Soc., 1958, 80: 1339.

[60] Brodie BC. On the Atomic Weight of Graphite[J]. Philos. Trans. R. Soc. London, 2009, 149(1): 249-259.

[61] Staudenmaier L. Verfahren zur darstellung der graphitsaure[J]. Ber. Dtsch. Chem. Ges., 1898, 31: 1481-1487.

[62] Marcano DC, Kosynkin DV, Berlin JM, et al. Improved synthesis of graphene oxide[J]. Acs Nano, 2010, 4(8): 4806-4814.

[63] Jayeeta L, Travis M, Lyudmyla A, et al. Graphene Growth on Ni(111) by Transformation of a Surface Carbide[J]. Nano Lett., 2011, 11(2): 518-522.

[64] Li JH, Wang G, Geng H, et al. CVD Growth of Graphene on NiTi Alloy for Enhanced Biological Activity[J]. ACS Appl. Mater. Interf., 2015, 7(36): 19876-19881.

[65] 喻佳丽，辛斌杰. 铜基底化学气相沉积石墨烯的研究现状与展望[J]. 材料导报，2015,29(1): 66-72.

[66] Li X, Cai W, An J, et a1. Large-Area Synthesis of High-Quality and Uniform Graphene Films on Copper Foils[J]. Science, 2009, 324: 1312-1314.

[67] Zhang B, Lee WH, Piner R, et a1. Low-Temperature Chemical Vapor Deposition Growth of Graphene from Toluene on Electropolished Copper Foils[J]. ACS Nano, 2012, 6: 2471-2476.

[68] 方楠，刘风，刘小瑞,等. SiC 衬底上石墨烯的性质、改性及应用研究[J]. 化学学报，2012, 70: 2197-2207.

[69] Li BJ, Cao HQ. ZnO@graphene composite with enhanced performance for the removal of dye from water [J]. J. Mater. Chem., 2011, 21(10): 3346-3349.

[70] Bell NJ, Yun HN, Du A, et al. Understanding the Enhancement in photoelectrochemical properties of photocatalytically prepared TiO_2-reduced gaphene oxide composite[J]. J. Phys. Chem. C, 2011, 115(13): 6004-6009.

[71] Lin QL, Qu LJ, Lu QF, et al. Prepration and properties of graphene oxide nanosheets/ cyanate ester resin composites[J]. Polym. Test., 2013, 32(2): 330-337.

[72] Liang JJ, Huang Y, Zhang L, et al. Molecular-level dispersion of graphene into poly(vinyl alcohol) and effective reinforcement of their nanocomposites[J]. Adv. Funct. Mater., 2009, 19: 1-6.

[73] Ding S, Chen JS, Luan D, et al. Graphene-supported anatase TiO_2 nanosheets for fast lithium storage[J]. Chem. Commun., 2011, 47(20): 5780-5782.

[74] Hu Y, Jin J, Wu P, et al. Graphene-gold nanostructure composites fabricated by electrode-position and their electrocatalytic activity toward the oxygen reduction and glucose

oxidation[J]. Electrochim. Acta, 2010, 56(1): 491-500.

[75] Lee PM, Wang Z, Liu X, et al. Glassy carbon electrode modified by graphene-gold nanocomposite coating for detection of trace lead ions in acetate buffer solution[J]. Thin Solid Films, 2015, 584: 85-89.

[76] Hao L, Song H, Zhang L, et al. SiO_2/graphene composite for highly selective adsorption of Pb(Ⅱ) ion[J]. J. Colloid Interf. Sci., 2012, 369(1): 381-387.

[77] Saleh TA , Ahmet S, Tuzen M . Effective adsorption of antimony(Ⅲ) from aqueous solutions by polyamide- graphene composite as a novel adsorbent[J]. Chem. Eng. J., 2016, 307: 230-238.

[78] Ge H, Ma Z. Microwave preparation of triethylenetetramine modified graphene oxide/ chitosan composite for adsorption of Cr(Ⅵ)[J]. Carbohydr. Polym., 2015, 131: 280-287.

[79] Thakur S, Das G, Raul PK, et al. Green One-Step Approach to Prepare Sulfur/Reduced Graphene Oxide Nanohybrid for Effective Mercury Ions Removal[J]. J. Phys. Chem. C, 2013, 117(15): 7636-7642.

[80] Wu T, Cai X, Tan S, et al. Adsorption characteristics of acrylonitrile, p-toluenesulfonic acid, 1-naphthalenesulfonic acid and methyl blue on graphene in aqueous solutions [J]. Chem. Eng. J., 2011, 173(1): 144-149.

[81] Wang J, Chen Z, Chen B. Adsorption of Polycyclic Aromatic Hydrocarbons by Graphene and Graphene Oxide Nanosheets [J]. Environ. Sci. Technol., 2014, 48(9): 4817-4825.

[82] Zhou X, Huang W, Shi J, et al. A novel MOF/graphene oxide composite GrO@MIL-101 with high adsorption capacity for acetone [J]. J. Mater. Chem. A, 2014, 2(13): 4722-4730.

[83] Noorpoor AR, Kudahi SN. Analysis and study of CO_2 adsorption on UiO-66/graphene oxide composite using equilibrium modeling and ideal adsorption solution theory (IAST)[J]. J. Environ. Chem. Eng., 2016, 4(1): 1081-1091.

[84] Yang A, Peng Y, Huang CP. Preparation of graphene oxide-chitosan composite and adsorption performance for uranium [J]. J. Radioanal. Nucl Chem., 2017, 313(2): 371-378.

[85] Geim AK. Graphene: status and prospects [J]. Sci., 2009, 324(5934):1530-15534.

[86] Guo J, Wen D, Zhai YM. Platinum Nanoparticle Ensemble-on-Graphene Hybrid Nano-sheet: One-Pot, Rapid Synthesis, and Used as New Electrode Material for Electroche-mical Sensing[J]. ACS Nano, 2010, 4: 3959-3968.

[87] Chen Y, Li Y, Sun D, Tian D. Fabrication of gold nanoparticles on bilayer graphene for glucose electrochemical biosensing [J]. J. Mater. Chem., 2011, 27: 7604-7611.

[88] Huang X, Qi X, Boey F, Zhang H. Graphene-based composites [J]. Chem. Soc. Rev., 2012, 41(2): 666-686.

[89] Yoo E, Okata T, Akita T, et al. Enhanced Electrocatalytic Activity of Pt Subnanoclusters on Graphene Nanosheet Surface [J]. Nano Lett., 2009, 9: 2255-2259.

[90] Liang Y, Li Y, Wang H, et al. Co_3O_4 nanocrystals on graphene as a synergistic catalyst for oxygen reduction reaction [J]. Nat. Mater., 2011, 10: 780-786.

[91] Guo S, Dong S J, Wang E K. Three-dimensional Pt-on-Pd bimetallic nanodendrites supported on grapheme nanosheet: facile synthesis and used as an advanced nanoeleetroeatalyst for methanol oxidation[J]. ACS Nano, 2010, 4: 547-555.

[92] Rao CV, Reddy ALM, Ishikawa Y, et al. Synthesis and electrocatalytic oxygen reduction activity of graphene-supported Pt_3Co and Pt_3Cr alloy nanoparticles. Carbon [J], 2011, 49(3): 931-936.

[93] 张天祎，赵曼竹，魏倾鹤，等. 聚硫堇/石墨烯复合材料修饰电极对 NADH 的电催化氧化研究[J]. 分子科学学报, 2016, 32(2): 152-155.

[94] Wang DW, Su D. Heterogeneous nanocarbon materials for oxygen reduction reaction [J]. Energy Environ. Sci., 2014, 7(2): 576-591.

[95] Chen D, Tang L, Li J. Graphene-based materials in electrochemistry [J]. Chem. Soc. Rev., 2010, 39(8): 3157-3180.

[96] Kaukonen M, Krasheninnikov AV, Kauppinen E, et al. Doped graphene as a material for oxygen reduction reaction in hydrogen fuel cells: a computational study [J]. ACS Catalysis, 2013, 3(2): 159-165.

[97] Ai Z, Xiao H, Mei T, et al. Electro-Fenton degradation of rhodamine B based on a composite cathode of CuzO nanocubes and carbon nanotubes [J]. J. Phys. Chem. C, 2008, 112(31): 11929-11935.

[98] 陈驰，周志有，张新胜，等. 铁、氮掺杂石墨烯/炭黑复合材料的制备及氧还原电催化性能[J]. 电化学, 2016(1): 25-31.

[99] 李静，王贤保，杨佳，等. 氮掺杂石墨烯的制备及氧还原电催化性能[J]. 高等学校化学学报, 2013, 34(4): 800-805.

[100] 曹朋飞，胡杨，张有为，等. 无定形钼硫化物/还原氧化石墨烯的辐射合成及其电催化析氢性能[J]. 物理化学学报, 2017, 33(12): 2542-2549.

[101] 李作鹏，尚建鹏，苏彩娜，等. 非晶态 NiP 基催化剂的制备及电催化析氢性能研究[J]. 燃料化学学报, 2018, 46(4): 473-478.

[102] 狄沐昕，肖国正，黄鹏，等. 钴/氮掺杂碳纳米管/石墨烯复合材料的构筑及氧还原催化性能[J]. 高等学校化学学报, 2018, 39(2): 343-350.

[103] Fujishima A, Honda K. Electrochemical photolysis of water at a semiconductor electrode [J]. Nature, 1972, 238: 37-38.

[104] Chen X, Liu L, Yu PY, Mao SS. Increasing solar absorption for photocatalysis with black hydrogenated titanium dioxide nanocrystals[J]. Science, 2011, 331: 746-750.

[105] Mills G, Hoffmann MR. Photocatalytic degradation of pentachlorophenol on titanium dioxide particles: identification of intermediates and mechanism of reaction [J]. Environ. Sci. Technol., 1993, 27: 1681-1689.

[106] Carraway ER, Hoffman AJ, Hoffmann MR. Photocatalytic oxidation of organic acids on quantum-sized semiconductor colloids [J]. Environ. Sci. Technol., 1994, 28: 786-793.

[107] Ku Y, Lin CN, Hou WM. Characterization of coupled NiO/TiO_2 photocatalyst for the photocatalytic reduction of Cr(Ⅵ) in aqueous solution [J]. J. Mol. Catal. A: Chem., 2011,

349: 20-27.

[108] Ollis DF, Pelizzetti E, Serpone N. Photocatalyzed destruction of water contaminants [J]. Environ. Sci. Technol., 1991, 25: 1522-1529.

[109] Liu X, Pan L, Zhao Q, et al. UV-assisted photocatalytic synthesis of ZnO-reduced graphene oxide composites with enhanced photocatalytic activity in reduction of Cr(Ⅵ) [J]. Chem. Eng. J., 2012, 183: 238-243.

[110] Yang J, Wang X, Zhao X, et al. Synthesis of Uniform Bi_2 WO_6-Reduced Graphene Oxide Nanocomposites with Significantly Enhanced Photocatalytic Reduction Activity [J]. J. Phys. Chem. C, 2015, 119(6): 3068-3078.

[111] Boruah PK, Borthakur P, Darabdhara G, et al. Sunlight assisted degradation of dye molecules and reduction of toxic Cr(Ⅵ) in aqueous medium using magnetically recoverable Fe_3O_4/reduced graphene oxide nanocomposite [J]. RSC Advances, 2016, 6: 11049-11063.

[112] 周庆芳，吕生华，崔亚亚. 二氧化钛/氧化石墨烯纳米复合材料光催化还原六价铬[J]. 陕西科技大学学报, 2015, (4): 51-55.

[113] Liu XJ, Pan LK, Lv T, et al. Microwave-assisted synthesis of ZnO-graphene composite for photocatalytic reduction of Cr(Ⅵ) [J]. Catal. Sci. Technol., 2011, 1(7): 1189-1193.

[114] Shen L, Huang L, Liang S, et al. Electrostatically derived self-assembly of NH_2-mediated zirconium MOFs with graphene for photocatalytic reduction of Cr(Ⅵ) [J]. RSC Advances, 2014, 4: 2546-2549.

[115] Mohamed A, Osman TA, Toprak MS, et al. Visible light photocatalytic reduction of Cr(Ⅵ) by surface modified CNT/titanium dioxide composites nanofibers [J]. J. Mol. Catal. A-Chem., 2016, 424: 45-53.

[116] Kumordzi G, Malekshoar G, Yanful EK, et al. Solar photocatalytic degradation of Zn^{2+} using graphene based TiO_2 [J]. Sep. Purif. Technol., 2016, 168: 294-301.

[117] Zhang LL, Xiong Z, Zhao XS. Pillaring Chemically Exfoliated Graphene Oxide with Carbon Nanotubes for Photocatalytic Degradation of Dyes under Visible Light Irradiation [J]. ACS Nano, 2010, 4(11): 7030-7036.

[118] Lv T, Pan L, Liu X, et al. Enhanced photocatalytic degradation of methylene blue by ZnO-reduced graphene oxide composite synthesized via microwave-assisted reaction [J]. Catal. Sci. Technol., 2012, 2(11): 2297-2301.

[119] Seema H, Christian KK, Chandra V, et al. Graphene-SnO_2 composites for highly efficient photocatalytic degradation of methylene blue under sunlight [J]. Nanotechnol., 2012, 23(35): 355705.

[120] Song Y, Massuyeau F, Jiang L, et al. Effect of graphene size on the photocatalytic activity of TiO_2/poly(3-hexylthiophene)/graphene composite films [J]. Catal. Today, 2018, 321-322: 74-80.

[121] Zhang Y, Tang ZR, Fu X, et al. TiO_2-Graphene Nanocomposites for Gas-Phase Photocatalytic Degradation of Volatile Aromatic Pollutant: Is TiO_2-Graphene Truly

Different from Other TiO_2-Carbon Composite Materials [J]. ACS Nano, 2010, 4(12): 7303-7314.

[122] Peng G, Liu J, Sun DD, et al. Graphene oxide-CdS composite with high photocatalytic degradation and disinfection activities under visible light irradiation [J]. J. Hazard. Mater., 2013, 250-251(8): 412-420.

[123] Fan W, Yu X, Lu HC, et al. Fabrication of TiO_2/RGO/Cu_2O heterostructure for photoelectrochemical hydrogen production [J]. Appl. Catal. B, Environ., 2016, 181: 7-15.

[124] Xie H, Hou C, Wang H, et al. S N Co-Doped Graphene Quantum Dot/TiO_2 Composites for Efficient Photocatalytic Hydrogen Generation [J]. Nano Research Lett., 2017, 12(1): 400.

[125] Karthik P, Vinoth R, Peng Z, et al. π-π Interaction Between Metal-Organic Framework and Reduced Graphene Oxide for Visible Light Photocatalytic H_2 Production [J]. ACS Appl. Energy Mater., 2018, 1(5): 1913-1923.

[126] Li Q, Guo B, Yu J, et al. Highly Efficient Visible-Light-Driven Photocatalytic Hydrogen Production of CdS-Cluster-Decorated Graphene Nanosheets[J]. J. Am. Chem. Soc., 2011, 133(28): 10878-10884.

第2章 金属/石墨烯复合材料的制备及其催化性能研究

石墨烯是碳原子通过 sp^2 杂化形成的二维六角网格状的晶体，具有独特的物理化学性质和导电性能，在电化学分析领域优势独特，已经被广泛应用于生物分析和环境检测的灵敏度高、选择性好、电流响应快、检测范围宽和检测限低的电化学传感器。然而单一组分的石墨烯因易发生卷曲团聚和层间堆叠，且在溶剂中分散性较差等不足而无法满足电化学检测的要求，限制了它在电化学领域中的应用。因此，石墨烯需要与其他纳米材料进行复合，基于不同组分的协同作用来改善石墨烯的电化学性质，拓展和增强石墨烯的电催化性能。石墨烯拥有羰基、羧基、羟基以及环氧基等许多活性含氧基团，因此可对其表面进行功能化修饰和性质的调控。

金属纳米粒子具有优异的光、电、磁和催化性能，具有较大的比表面积、较强的导电性和反应性、表面活性位点多等特点，具有优良的电催化性能，在化学和生物等众多领域应用广泛。作为片状导电材料，氧化石墨烯表面的缺陷及残留的含氧功能基团为金属纳米结构的生长提供成核位点。通常将金属纳米粒子组装在石墨烯片层上有两种途径：①通过原位反应将金属纳米粒子组装到石墨烯表面；②通过共价或非共价作用将预先合成的金属纳米粒子结合到石墨烯表面。石墨烯与金属纳米粒子复合能有效避免金属纳米颗粒和自身的团聚，通过相互间的协同效应，可有效减少金属催化剂中毒现象，提高金属催化剂的活性，减少金属的使用量，显示出极大的经济价值。

通过调控双金属或合金的结构、表面成分、颗粒尺寸和粒径分布来控制金属的电子和几何效应，不仅能显著提高双金属纳米粒子（如合金纳米粒子）的催化性能，还能降低催化剂成本，因而成为近年的研究热点。与单一金属相比，不同金属形成的双金属或合金结构对多相催化反应、光催化反应、电催化反应，均表现出显著提高的催化活性及改善的稳定性，因此广泛应用于多相催化反应、燃料电池及传感器等领域。用石墨烯/金属纳米粒子复合材料作为传感界面，能引入石墨烯/金属纳米粒子的物理化学特性，同时利用它的大比表面积和较多功能基团，能实现对某些物质特定的电化学催化，有利于提高修饰电极的选择性、灵敏度和稳定性，可以实现对某种样品的测定。目前，石墨烯/金属纳米粒子复合材料在电化学领域的应用潜能已经得到了初步的证实。然而，基于石墨烯/金属纳米粒子复合材料的应用还需要进一步地改进，未来还需继续拓展这些材料在电分析和电催化领域的基础和应用研究。为推动材料在实际生产中的应用，催化剂的性能还需要进一步提升。在清洁合成、金属纳米材料的形貌的控制以及多元协同催化方面，将是石墨烯/金属纳米粒子复合材料发展的重要方向。

2.1 Ag-Ni/石墨烯复合材料的制备及其催化性能研究

近年来，合金的研究越来越受到人们的关注，因为合金能够保持各成分的性能，并可能通过协同作用产生协同效应，从而可以使表面积增大，提高电催化活性、生物相容性以及电子转移率[1]。迄今为止，Au-Ag[2]、Au-Pt[3]、Au-Pd[4]、Pd-Cu[5]、Pt-Pb[6]、Ni-Pt[7]等合金已被应用于电化学传感器的制备。利用电沉积方法制备的 Ag-Ni 合金/石墨烯复合材料简单易控，基于其构置的新型无酶 H_2O_2 传感器，能够克服过氧化物酶传感器价格昂贵、固定化过程繁琐且稳定性差的不足，具有较低的检出限、较宽的线性范围和良好的重现性。基于 Ag-Ni 合金/石墨烯复合材料制备的修饰电极用于检测水合肼，其特殊的纳米结构能够提高电子传递速率，降低水合肼氧化过电位。

2.1.1 还原氧化石墨烯（rGO）及相关复合材料的制备

（1）GO 的制备

用改进的 Hummers 法制备氧化石墨。在冰浴中，将 10 g 石墨粉和 5 g

硝酸钠缓慢加入230 mL的浓硫酸混合均匀，边搅拌边缓慢加入30 g高锰酸钾。将其转移至35℃水浴反应30 min。逐步加入460 mL去离子水，进一步加水稀释至3.5 L，并用质量分数30%的H_2O_2溶液处理，中和未反应的高锰酸钾和二氧化锰，混合物由棕褐色变成亮黄色。生成的氧化石墨用5%的HCl水溶液洗涤。将上层清夜倒掉，沉淀趁热用温水过滤洗涤。在40℃温度下，电热鼓风干燥箱中干燥。此方案的优点是减少了预氧化过程，周期较短。

（2）rGO的制备

称取600 mg GO分散于600 mL水中，超声振荡1 h，然后加入适量水合肼，在80℃水浴条件下搅拌还原10 h，氧化石墨烯可被还原成石墨烯结构，然后将反应产物用20 μm孔径滤膜抽滤，先用适量无水乙醇冲洗1~2次，然后用大量蒸馏水洗涤，真空干燥，获得rGO。

（3）Ag-Ni/rGO/GCE的制备

取制备好的rGO配制成0.3 mg·mL^{-1}的悬浮液，移取10 μL于预处理好的玻碳电极上，自然晾干。以rGO修饰的玻碳电极为工作电极，铂丝电极为辅助电极，双盐桥饱和甘汞电极为参比电极，在20 mL 0.1 mol·L^{-1} $AgNO_3$、0.1 mol·L^{-1} $Ni(NO_3)_2$和0.1 mol·L^{-1} KNO_3混合溶液中，在电压范围为−1~0 V，扫速为0.05 V·s^{-1}的条件下循环扫描，即制得Ag-Ni/rGO/GCE。在20 mL 0.1 mol·L^{-1} $AgNO_3$和0.1 mol·L^{-1} KNO_3混合溶液或20 mL 0.1 mol·L^{-1} $Ni(NO_3)_2$和0.1 mol·L^{-1} KNO_3混合溶液中，在电压范围为−1~0 V，扫描速率为0.05 V·s^{-1}的条件下循环扫描，即分别制得Ag/rGO/GCE或Ni/rGO/GCE。

2.1.2 Ag−Ni/rGO复合材料的表征

（1）rGO和Ag-Ni/rGO的SEM表征

图2.1（a）是rGO的SEM图。由图可见rGO呈现薄层状结构，并有皱褶边缘。从EDS分析可以看出rGO中存在C、O元素［图2.1（b）］。图2.1（c）是Ag-Ni/rGO的SEM图。由图可见在rGO表面形成棒状Ag-Ni合金，Ag-Ni的尺寸较大，其EDS分析［图2.1（d）］显示了C、Ag和Ni元素的存在（O来自rGO）。棒状Ag-Ni合金的晶粒尺寸大于纳米尺度。一般来说，当金属处于纳米尺度时，金属表面的最低能量面使其倾向于成核并成为多个孪生

粒子[8]。Ag-Ni 的尺寸较大可能是由于 Ag-Ni 纳米颗粒具有高的表面能和超细纳米颗粒的高表面张力而使其具有强烈的团聚趋势[9]。

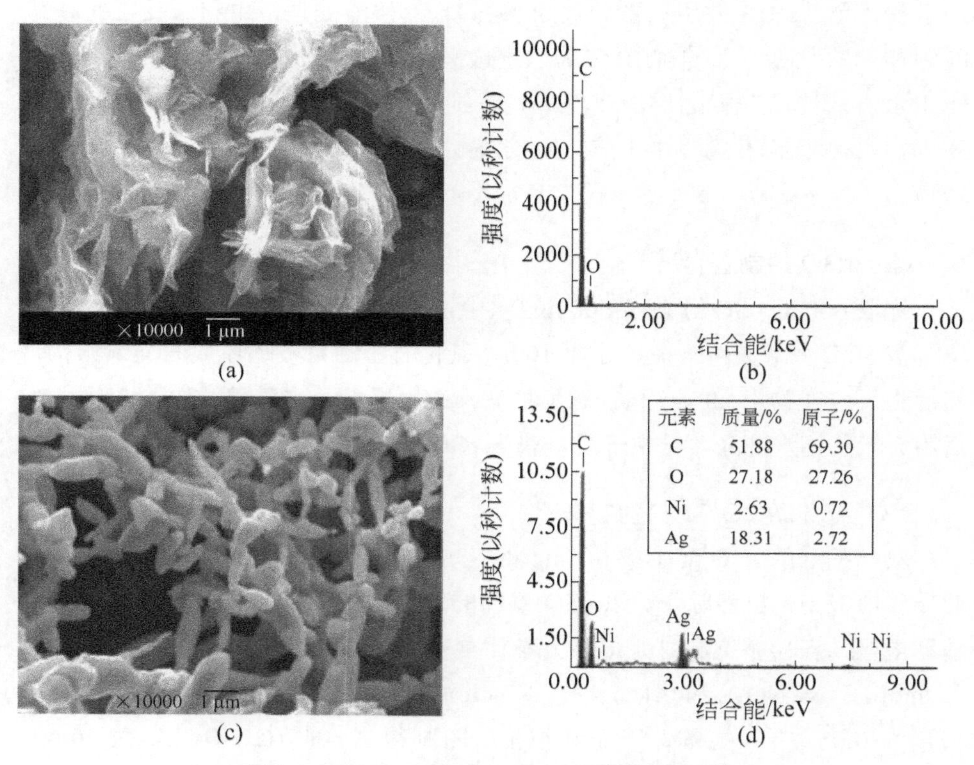

图 2.1　rGO、Ag-Ni/rGO 的 SEM 图和 EDS 图

（a）rGO，SEM 图；（b）rGO，EDS 图；（c）Ag-Ni/rGO，SEM 图；（d）Ag-Ni/rGO，EDS 图

（2）Ag-Ni/rGO 的 XRD 表征

图 2.2 是 Ag-Ni/rGO 在导电玻璃（ITO）上的 XRD 图。rGO 在 24°处的特征衍射峰不能清楚地看出，这是由于 rGO 上的金属峰强度较高所致[10]。在 30°、35°和 51°的弱衍射峰来自导电玻璃最终的 In_2O_3（JCPDS No.65-3170）。在 38°和 44.1°处的两个峰分别为 Ag 金属（JCPDS No.04-0783）的衍射峰。未在 52.15°观察到 Ni 金属的衍射峰，消除了非均匀 Ni-NPs 的可能性[11-14]。与 Ag 结构相似且没有特征 Ni 峰，表明 Ni 原子仅在 Ag 晶格内生长并形成 Ag-Ni 合金[15]。这是因为 Ag^+/Ag（+0.7991 V）的氧化还原电位高于 Ni^{2+}/Ni（−0.257 V）的氧化还原电位，因此 Ag^+比 Ni^{2+}还原得更早，为 Ni 原子成核提供了稳定的晶格位置。

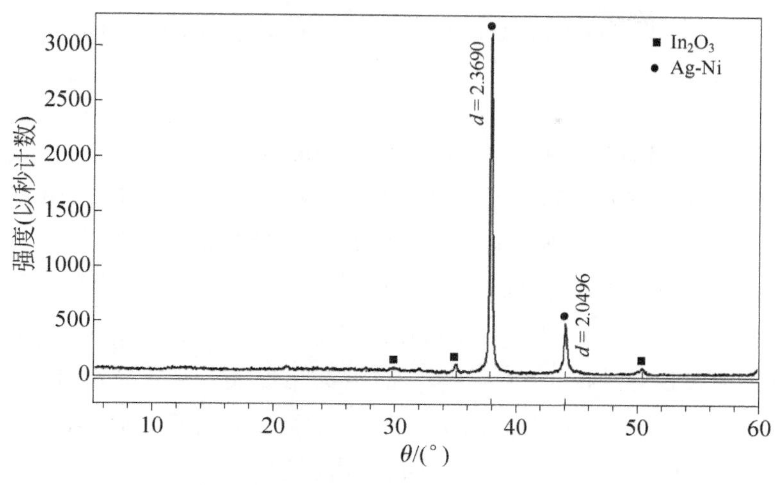

图 2.2　Ag-Ni/rGO 在 ITO 上的 XRD 图

2.1.3　Ag-Ni/rGO 对 H_2O_2 的电催化性能

（1）不同电极对 H_2O_2 的电催化性能

在电压范围为 −0.6~0 V、扫描速率为 0.05 $V·s^{-1}$、0.1 $mmol·L^{-1}$ H_2O_2 的条件下，分别研究了 GCE、rGO/GCE、Ag/rGO/GCE、Ni/rGO/GCE、Ag-Ni/rGO/GCE 对 H_2O_2 的电催化性能，实验结果如图 2.3 所示。

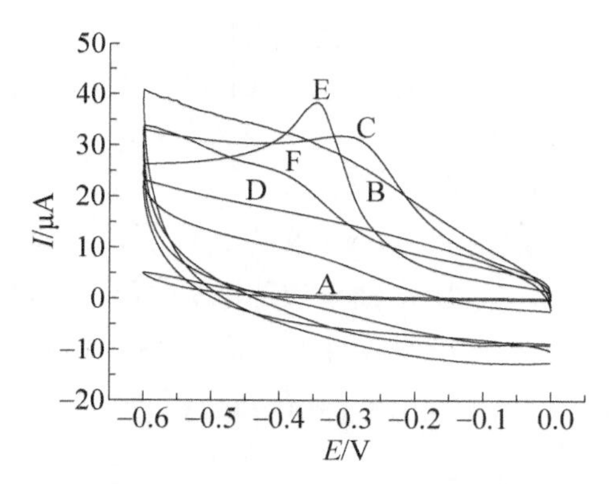

图 2.3　五种电极在含 H_2O_2 溶液中的 CV 曲线（A~E）和 Ag-Ni/rGO/GCE 在无 H_2O_2 溶液中的 CV 曲线（F）

A—GCE；B—rGO/GCE；C—Ag/rGO/GCE；D—Ni/rGO/GCE；E—Ag-Ni/rGO/GCE

从图 2.3 可以看出，Ag-Ni/rGO/GCE 对 H_2O_2 具有较为明显的电流响应，这表明 Ag-Ni/rGO/GCE 对 H_2O_2 具有良好的电催化性能，且 Ag-Ni/rGO/GCE 电极对 H_2O_2 的催化效果明显优于其他电极，这是因为 Ag-Ni/rGO 复合材料在电极表面呈一个树杈型孔状分布，具有较高的比表面积和催化活性位点，从而导致催化能力增强。

（2）Ag-Ni 合金含量对 H_2O_2 催化性能的影响

Ag-Ni 合金的含量可以通过沉积负载的时间来表示。在 20 mL 0.1 $mol \cdot L^{-1}$ $AgNO_3$、0.1 $mol \cdot L^{-1}$ $Ni(NO_3)_2$ 和 0.1 $mol \cdot L^{-1}$ KNO_3 混合溶液中，在电压范围为−1~0 V，扫描速率为 0.05 $V \cdot s^{-1}$ 的条件下循环扫描不同圈数，即制得具有不同 Ag-Ni 合金含量的 Ag-Ni/rGO/GCE。研究了不同 Ag-Ni 合金含量的 Ag-Ni/rGO/GCE 对 1 $mmol \cdot L^{-1}$ H_2O_2 的电催化性能，所得实验结果如图 2.4 所示。从图 2.4 可见，沉积 10 次所得的 Ag-Ni/rGO/GCE 对 H_2O_2 具有最佳的电催化性能。因此，后续实验选择的最佳电沉积圈数为 10。

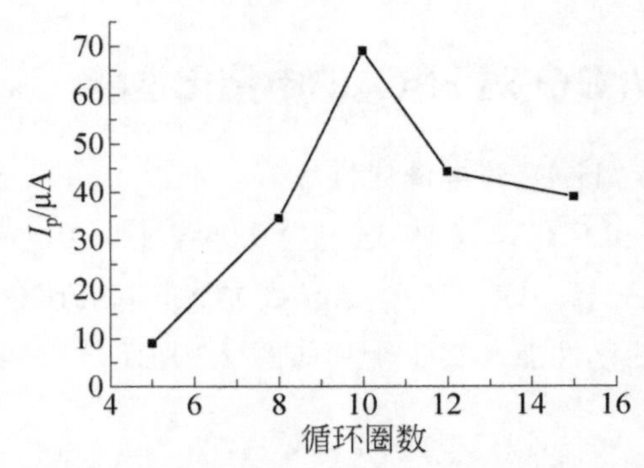

图 2.4　电沉积次数对 Ag-Ni/rGO/GCE 电催化还原 H_2O_2 的影响

（3）扫描速率的影响

在 1×10^{-3} $mol \cdot L^{-1}$ H_2O_2 中，−0.6~0 V 电压范围，考察了扫描速率对 Ag-Ni/rGO/GCE 伏安响应的影响，所得结果如图 2.5 所示。可以看出，随着扫描速率增加，峰电流有明显的上升，由图 2.6 可以看出峰电流 I_p 与扫描速率 v 的平方根成正比：I=61.91$v^{1/2}$+0.6613 (R=0.9991)，表明过氧化氢在电极表面的反应是由扩散控制的还原过程。

（4）线性范围和检出限

在电压范围为−0.6~0 V、扫描速率为 0.02 $V \cdot s^{-1}$ 的条件下，依次加入不同浓度的 H_2O_2，用线性扫描法（LSV）进行检测，所得实验结果如图 2.7 所示。可以看出，随着溶液中 H_2O_2 浓度的增大，还原峰的峰电流逐渐增大，对 H_2O_2 表现出较为灵敏的电催化活性。

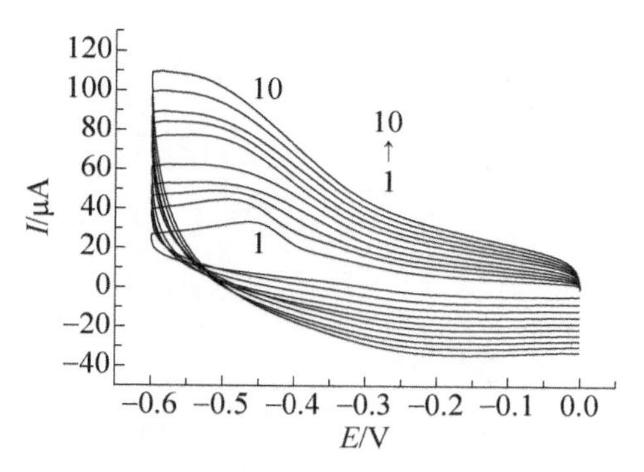

图 2.5　Ag-Ni/rGO/GCE 中在不同扫描速率下的 CV 曲线

扫描速率/$V \cdot s^{-1}$（从 1→10）：0.02，0.04，0.06，0.08，0.10，0.12，0.14，0.16，0.18，0.20

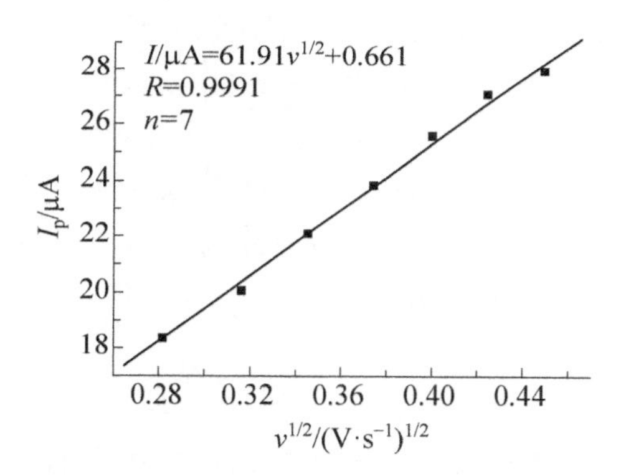

图 2.6　$I_p \sim v^{1/2}$ 关系曲线

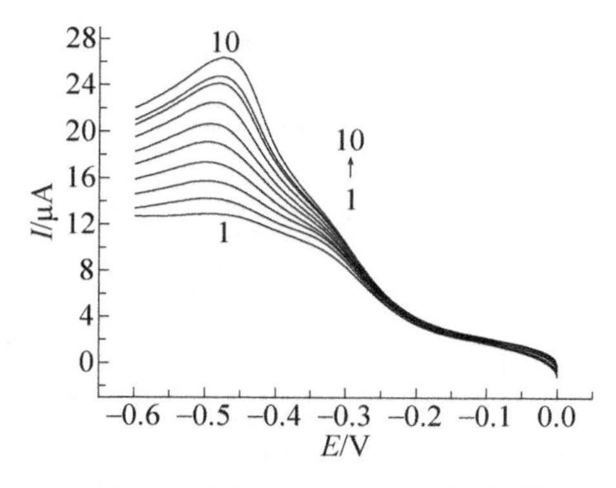

图 2.7　Ag-Ni/rGO/GCE 在不同 H_2O_2 浓度下的 LSV 图

$c(H_2O_2)/mol \cdot L^{-1}$（从 1→10）：$1\times10^{-7}$，$0.15\times10^{-3}$，$0.25\times10^{-3}$，$0.35\times10^{-3}$，$0.45\times10^{-3}$，$0.55\times10^{-3}$，$0.65\times10^{-3}$，$0.75\times10^{-3}$，$0.85\times10^{-3}$，$0.95\times10^{-3}$

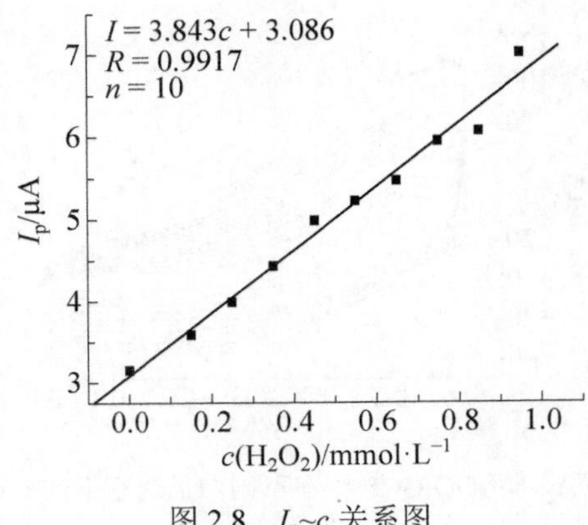

图 2.8　I_p~c 关系图

图 2.8 展示了 Ag-Ni/rGO/GCE 的电催化还原峰电流与 H_2O_2 浓度的关系。在 1×10^{-7}~0 .95$\times10^{-3}$ mol·L^{-1} 浓度范围内，H_2O_2 浓度（mmol·L^{-1}）与电催化还原峰电流 I_{pc}（μA）呈良好的线性关系，其线性回归方程为：$I_{pc} = 3.843c + 3.086$（n=10，R=0.9917）。检出限为 1.0×10^{-7} mol·L^{-1}。

表 2.1 中列举了基于含 Ag 纳米材料的不同 H_2O_2 传感器对 H_2O_2 的分析性能。与其他传感器相比，基于 Ag-Ni/rGO/GCE 构置的 H_2O_2 传感器具有较低的检出限。

表 2.1　基于含 Ag 纳米材料的不同 H_2O_2 传感器性能对比

电极	线性范围/mmol·L^{-1}	检出限/μmol·L^{-1}	参考文献
Ag/PVA/Pt	0.04~6	1.0	[16]
Ag-GN-R/GCE	0.1~40.0	28	[17]
Ag/DNA/GCE	0.004~16.0	1.7	[18]
Ag/ZnO NRs/FTO	0.008~0.983	0.9	[19]
Ag /ITO	1~7	—	[20]
Ag/rGO/GCE	10~100	31.3	[21]
PQ11-Ag/GCE	10~180	33.9	[22]
Ag-CPNBs-24h/GCE	0.1~70	0.9	[23]
Ag-Ni/GO/GCE	0.0001~0.95	0.1	本实验结果

（5）传感器重复性、稳定性和抗干扰性能研究

将 Ag-Ni/rGO/GCE 保存在 4℃冰箱内，一周后用 LSV 对 1.0 mmol·L^{-1} H_2O_2

进行检测，得到的峰电流值依然保持在初始电流值的 89.1%，由此可知，该传感器有长期稳定性。此外，用 5 支 Ag-Ni/rGO/GCE 电极检测 1.0 $mmol \cdot L^{-1}$ H_2O_2 所得峰电流的相对标准偏差是 5.1%，表明该电极的重复性较好。加入 1.0 $mmol \cdot L^{-1}$ NO_2^-、尿酸、乙醇、葡萄糖时，并没有引起响应电流的变化，对测定 H_2O_2 无干扰，说明该传感器具有良好的抗干扰性能。

（6）实际样品分析

将 H_2O_2 消毒剂稀释后，采用标准加入法对 H_2O_2 的实际样品进行测定，结果如表 2.2 所示。从表 2.2 可见，Ag-Ni/rGO/GCE 对实际样品的相对标准偏差（RSD）小于 4%，且回收率在 95.0%~106.7%之间，说明此传感器可用于实际样品的测定。

表 2.2 H_2O_2 消毒剂（3%）中 H_2O_2 含量的测定（n=3）

样品编号	初始值 /$mmol \cdot L^{-1}$	加入量 /$mmol \cdot L^{-1}$	测定值 /$mmol \cdot L^{-1}$	回收率/%	RSD/%
1	0.10	0.15	0.26	106.7	3.3
2	0.05	0.20	0.24	95.0	3.7
3	0.10	0.40	0.52	105.0	2.9

2.1.4 Ag-Ni/rGO/GCE 对水合肼的催化性能研究

（1）不同电极对水合肼的催化性能

在电压范围为−1~0 V、扫描速率为 0.05 $V \cdot s^{-1}$、水合肼浓度为 0.1 $mmol \cdot L^{-1}$ 的条件下，分别对 GCE、rGO/GCE、Ag/rGO/GCE、Ni/rGO/GCE、Ag-Ni/rGO/GCE 和 Ag-Ni/rGO/GCE（无水合肼条件下）进行循环扫描，考察 Ag-Ni/rGO/GCE 的性能，结果如图 2.9 所示。

从图 2.9 可见，GCE（曲线 A）对水合肼无电流响应，Ag-Ni/rGO/GCE（曲线 F）在无水合肼条件下无响应，Ag-Ni/rGO/GCE（曲线 E）对水合肼有明显的电流响应，证明 Ag-Ni/rGO/GCE 对水合肼具有灵敏的催化性能。而 rGO/GCE（曲线 B）无响应，Ag-Ni/rGO/GCE（曲线 E）响应电流明显优越于 Ag/rGO/GCE（曲线 C）和 Ni/rGO/GCE（曲线 D），这是因为在 Ag-Ni 和 rGO 的协同作用下，且纳米 Ag-Ni/rGO 薄膜在电极表面呈一个树杈型孔状分布，具有较高的比表面积和催化活性位点，导致催化能力增强。根据以前的

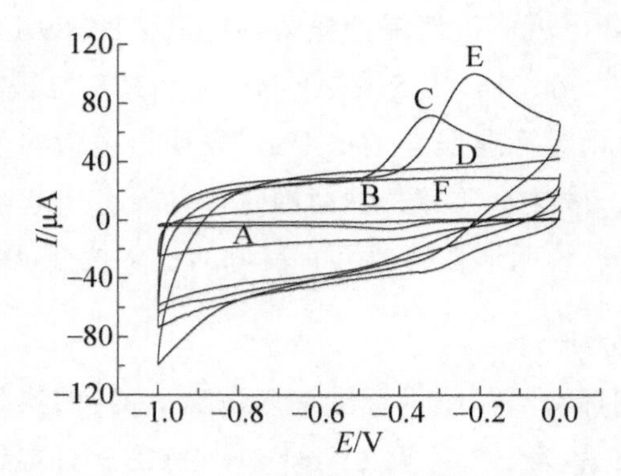

图 2.9　不同电极在含水合肼的溶液中获得的 CV 曲线

曲线：A—GCE；B—rGO/GCE；C—Ag/rGO/GCE；D—Ni/rGO/GCE；E—Ag-Ni/rGO/GCE；F—Ag-Ni/rGO/GCE，溶液不含水合肼

文献报道[24]，Ag-Ni/RGO/GCE 对肼的电催化氧化机理为：

$$N_2H_4+4OH^- \longrightarrow N_2+4H_2O+4e^-$$

（2）Ag-Ni 合金含量的影响

Ag-Ni 合金含量可以通过沉积时间来确定，而负载的圈数决定了沉积时间。将负载好合金的电极标记为 Ag-Ni/rGO/GCE，冲洗干净，将 Ag-Ni/rGO/GCE 浸入装有 20 mL 0.1 mol·L^{-1}NaOH 溶液的烧杯中，加入 200 μL 0.1 mol·L^{-1} 水合肼溶液，在电压范围为−1~0V，扫描速率为 0.05 V·s^{-1} 的条件下循环扫描。对比各循环圈数下负载的合金电极对水合肼的催化性能，对负载的圈数进行优化，确定 15 圈为最佳循环圈数（图 2.10）。当电沉积圈数较小时，Ag-Ni/rGO/GCE 对水合肼的催化活性位点不足。当电沉积圈数在 15 圈以上

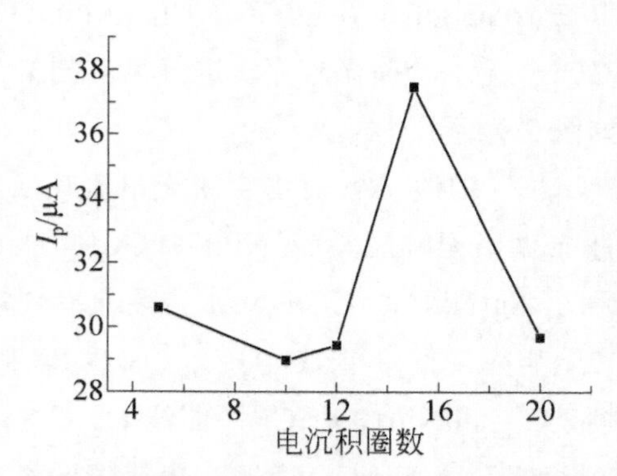

图 2.10　电沉积圈数对 Ag-Ni/rGO/GCE 催化还原 N_2H_4 的影响

溶液：0.1 mol·L^{-1} NaOH+1×10^{-3} mol·L^{-1} N_2H_4

时，长的沉积时间会导致纳米颗粒聚集成更大的颗粒，减小纳米颗粒的反应表面积[25-27]。

（3）扫描速率的影响

将负载15圈后的合金的Ag-Ni/rGO/GCE电极浸入装有0.1 mol·L^{-1}氢氧化钠溶液的烧杯中，加入200 μL的0.1 mol·L^{-1}水合肼溶液，在电压范围为−1~0 V，扫描速率0.01~0.2 V·s^{-1}范围内，考察了扫描速率对Ag-Ni/rGO/GCE伏安响应的影响，结果如图2.11所示。从图2.11可见，随着扫描速率的增加，氧化峰电流明显增强。从图2.12可见，峰电流I_p与扫描速率v的平方根成正比［I_p=68.40$v^{1/2}$−10.13（R=0.9917）］，表明水合肼在电极表面的反应是由扩散控制的氧化过程。

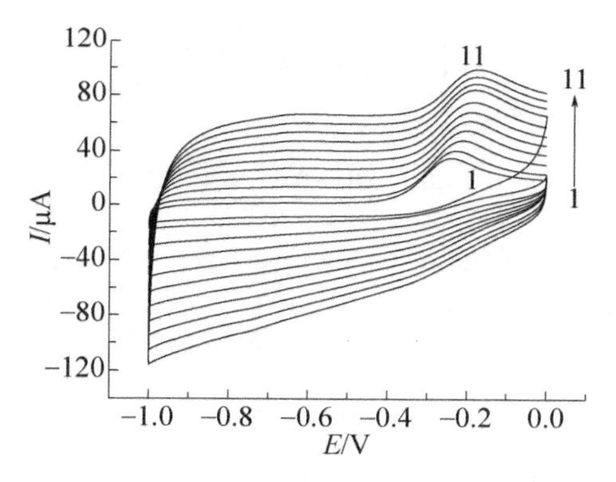

图2.11 Ag-Ni/rGO/GCE在1×10^{-3} mol·L^{-1} N_2H_4溶液中不同扫描速率下的CV曲线

扫描速率/V·s^{-1}（从1→11）：0.01，0.02，0.04，0.06，0.0，0.10，0.12，0.14，0.16，0.18，0.20

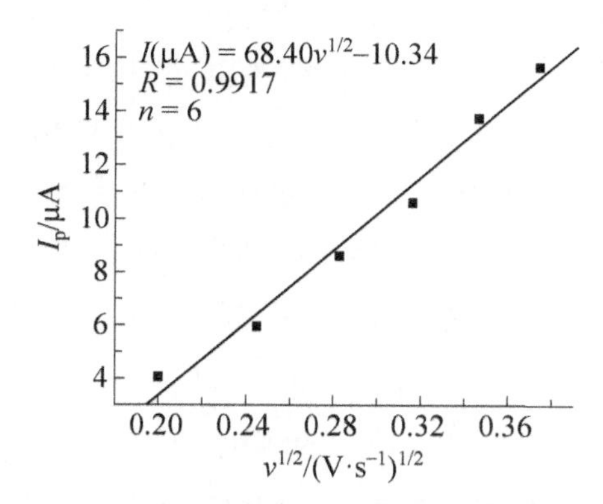

图2.12 在含1×10^{-3} mol·L^{-1} N_2H_4溶液中不同扫描速率下的I_p-$v^{1/2}$曲线

扫描速率/V·s^{-1}：0.01，0.02，0.04，0.06，0.08，0.10

（4）Ag-Ni/rGO/GCE 对 N_2H_4 的催化性能

将负载 10 圈的合金的 Ag-Ni/rGO/GCE 浸入装有 0.1 mol·L^{-1} NaOH 溶液的烧杯中，在电压范围为−1~0 V，扫描速率为 0.05 V·s^{-1} 的条件下循环扫描（CV）。依次加入 50 μL 0.1 mol·L^{-1} 水合肼溶液，计 8 次，对比峰电流，考察了扫描速率对 Ag-Ni/rGO/GCE 伏安响应的影响，结果见图 2.13 所示。由图 2.13 可见，随着水合肼浓度的增加，氧化峰峰电流逐渐增大，氧化峰电位逐渐负移，对水合肼表现出了灵敏的电催化活性。

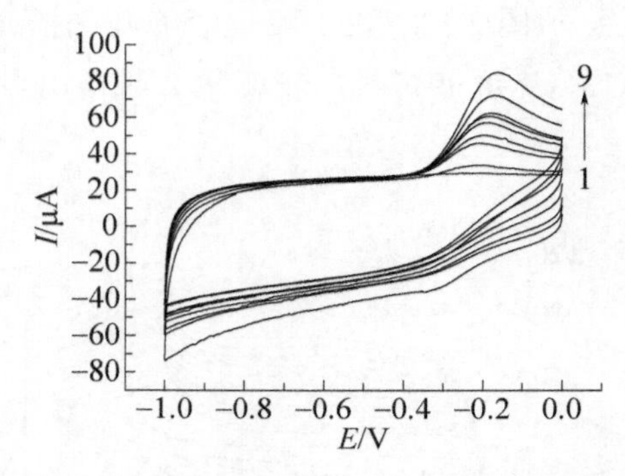

图 2.13　不同 N_2H_4 浓度下 Ag-Ni/rGO/GCE 催化 N_2H_4 的 CV 曲线

N_2H_4 浓度/mol·L^{-1}（从 1→9）：0，2.5×10^{-4}，5.0×10^{-4}，7.5×10^{-4}，1.0×10^{-3}，1.25×10^{-3}，1.5×10^{-3}，1.75×10^{-3}，2.0×10^{-3}

（5）线性曲线

在电压范围为−1~0V、扫描速率为 0.05 V·s^{-1} 的条件下，依次加入 5 次 2 μL 0.001 mol·L^{-1} N_2H_4、9 次 10 μL 0.001 mol·L^{-1} N_2H_4、10 次 10 μL 0.01 mol·L^{-1} N_2H_4、10 次 20 μL 0.1 mol·L^{-1} N_2H_4 进行线性扫描伏安测定。图 2.14 是加入 N_2H_4 后的一部分线性扫描伏安图。由图 2.14 可见，随着溶液中 N_2H_4 浓度的增大，氧化峰的峰电流逐渐增大，对 N_2H_4 表现出较为灵敏的电催化活性。图 2.15 展示了 Ag-Ni/rGO/GCE 的催化氧化峰电流与 N_2H_4 浓度的关系。催化氧化峰电流与 N_2H_4 浓度在 1×10^{-7}~1.05×10^{-3} mol·L^{-1} 浓度范围内呈良好的线性关系，其线性回归方程为 $I_{pc}(\mu A) = 28.42c + 1.770$（$n$=12，$R$=0.9944；$c$ 单位为 mmol·L^{-1}）。检出限为 1.0×10^{-7} mol·L^{-1}。

表 2.3 列出了基于多种纳米粒子的 N_2H_4 传感器对 N_2H_4 的分析性能。由表可见，与其他传感器相比，基于 Ag-Ni/rGO/GCE 构置的 N_2H_4 传感器具有较低的检出限。

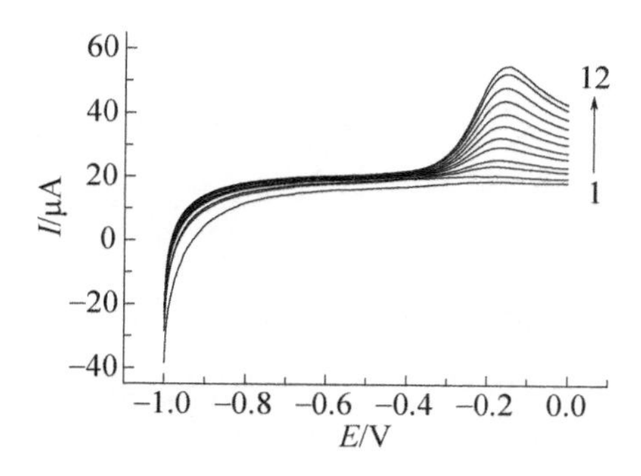

图 2.14 不同 N_2H_4 浓度下 Ag-Ni/rGO/GCE 催化 N_2H_4 的 LSV 曲线

N_2H_4 浓度/mol·L^{-1}（从 1→12）：1×10^{-7}，0.05×10^{-3}，0.15×10^{-3}，0.25×10^{-3}，0.35×10^{-3}，0.45×10^{-3}，0.55×10^{-3}，0.65×10^{-3}，0.75×10^{-3}，0.85×10^{-3}，0.95×10^{-3}，1.05×10^{-3}

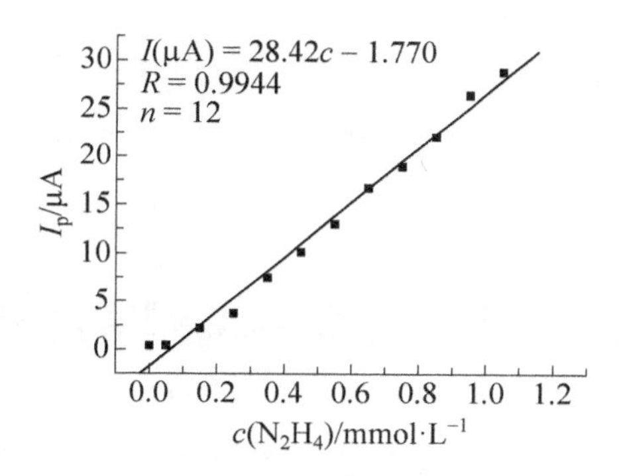

图 2.15 Ag-Ni/rGO/GCE 的催化氧化峰电流与 N_2H_4 浓度的关系曲线

表 2.3 多种纳米粒子的 N_2H_4 传感器性能对比

电极	线性范围/10^{-3}mol·L^{-1}	检出限/10^{-6}mol·L^{-1}	参考文献
（氢）氧化铜	0.1~1.8	0.1	[28]
$Mn_2[Fe(CN)_6]$	0.033~8.18	6.65	[29]
$Bi[Fe(CN)_6]$	0.007~1.1	3	[30]
多吡啶-膦钌（Ⅱ）	0.006~1.2	1	[31]
$Ni_4[Fe(CN)_6]$	0.002~5.0	2.28	[32]
Ag-Ni/rGO/GCE	0.0001~1.05	0.1	本实验结果

2.1.5 小结

① 利用改进的 Hummers 法制备了氧化石墨，并通过水合肼还原，成功制备了纳米 rGO。利用电解沉积法，成功合成了树杈状银镍合金石墨烯多孔

纳米复合材料。

② 基于 Ag-Ni 合金/rGO/GCE 构置了新型的无酶 H_2O_2 传感器。该传感器具有较高的比表面积和催化活性点，基于银镍合金和 rGO 之间良好的协同作用，对 H_2O_2 展现了良好的电催化性能，在 1×10^{-7}~9.5×10^{-4} $mol\cdot L^{-1}$ 的浓度范围，催化还原峰电流与过氧化氢浓度呈现良好的线性关系，检出限为 1×10^{-7} $mol\cdot L^{-1}$。

③ 基于 Ag-Ni/rGO/GCE 构置了新型的无酶传感器，于碱性介质中对水合肼进行催化性能的检测。研究表明 Ag-Ni/rGO/GCE 对水合肼具有良好的催化性能，测定水合肼的线性范围为 1×10^{-7}~1.05×10^{-3} $mol\cdot L^{-1}$，检出限为 $1\times10^{-7}mol\cdot L^{-1}$。

④ 银镍合金和还原氧化石墨烯之间具有协同作用，增加了催化的比表面积和催化活性位点，使传感器具有制作方便、催化性能好及检出限低的特点。

2.2 Cu/石墨烯纳米复合材料的制备及电催化性能研究

近年来由于铜纳米粒子优良的电化学性能，且成本较低，容易制备，引起了国内外的广泛关注。但是由于纳米铜的化学性质十分活泼，暴露在空气中很快被氧化，稳定性和分散性较差等缺点，需要找到合适的物质将铜纳米粒子制备为复合材料，进而改善铜纳米粒子的缺点。因此开发稳定性和分散性良好、尺寸和形貌可控的铜纳米材料的制备方法及其性能研究，已经成为铜纳米材料领域的一大研究热点。

Jiang 等[33]利用恒电位法将金属铜纳米粒子电沉积在 GO 边缘纳米电极上，研制了一种新型、稳定、灵敏的非酶葡萄糖传感器。铜纳米颗粒与 GO 片边缘平面对碱性溶液中葡萄糖氧化有协同作用，表现出较大的氧化电流和峰电位负移。此外，Cu/GO 对葡萄糖具有很高的稳定性和选择性。Luo 等[34]以 GO 和铜离子为起始原料，通过简单的一步电化学还原法制备了铜纳米颗粒（CuNPs）与 GO 的复合材料，研制了一种非酶葡萄糖传感器。这种新型纳米复合材料结合了 GO 和 CuNPs 的优点，在碱性介质中对葡萄糖具有良好的电催化活性。Meng[35]通过层层组装法，基于 Cu/MnO_2 成功构置了葡萄糖电化学传感器。该传感器具有构置简单、灵敏度高、检出限低、线性范围宽和响应速度快等特点，对葡萄糖具有极高的电催化氧化性能。

2.2.1 Cu/GO/GCE 的制备

GO 溶液：用规格为 1.5 mL 的塑料离心管配置 3 mg·mL^{-1} 的 GO 水溶液，每次实验前将其置于数控超声波清洗器中充分分散 15 min。

电解液：配置 2.0×10^{-3} mol·L^{-1} $CuSO_4$+0.1 mol·L^{-1} Na_2SO_4 溶液作为电解液。

玻碳电极预处理：加少量水和适量 3 μm 规格的铝粉在磨皮上打磨玻碳电极，每次打磨时间约 3~5 min，然后洗去电极表面的铝粉，将电极放置于数控超声波清洗器中清洗 5 min 左右。

制备方法：移取 10 μL 3 mg·mL^{-1} GO 水溶液于 GCE 上，烘干，使得 GO 负载于 GCE 表面制得 GO/GCE。以 GO/GCE 为工作电极，铂丝电极为辅助电极，饱和甘汞电极为参比电极，将 GO/GCE 置于含 2.0×10^{-3} mol·L^{-1} $CuSO_4$ 的 0.1 mol·L^{-1} Na_2SO_4 溶液中，设定电化学工作站扫描速率为 0.1 V·s^{-1}，在 −0.6~0.6 V 电压范围内循环扫描 15 圈，所制电极标记为 Cu/GO/GCE。

2.2.2 Cu/GO 纳米复合材料的表征

对 Cu/GO 纳米复合材料表面状态进行 SEM 表征，结果如图 2.16 所示，可以看出，铜纳米粒子均匀分散在凹凸不平的石墨烯表层。进一步对其进行 EDS 分析（图 2.17），可以看出复合材料中存在 C、O、Cu 元素，表明电沉积作用已经将铜负载于石墨烯表面。

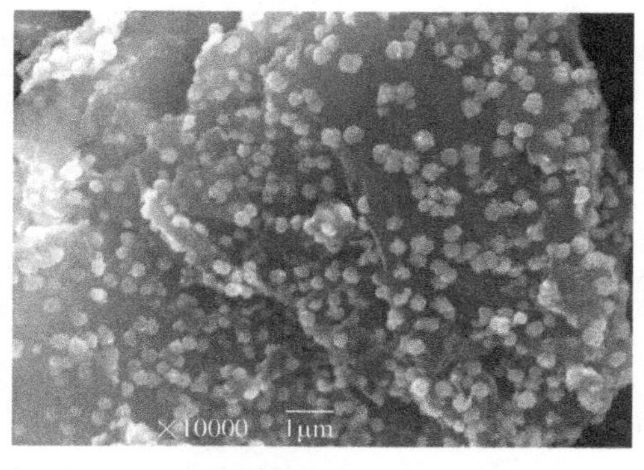

图 2.16　Cu/GO 纳米复合材料的 SEM 图

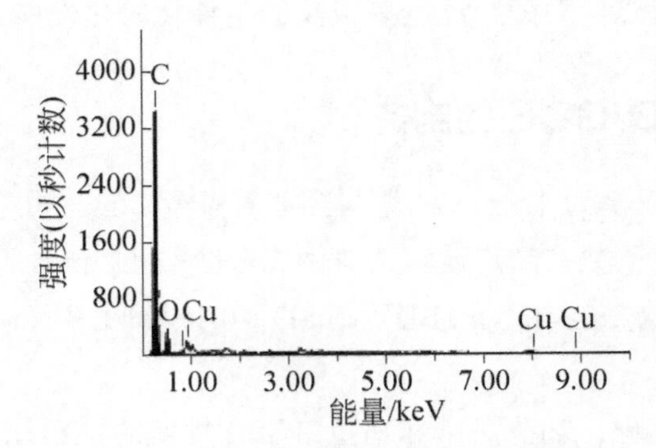

图 2.17 Cu/GO 纳米复合材料的 EDS 图

2.2.3 Cu/GO/GCE 对抗坏血酸催化性能的研究

（1）不同修饰电极的催化性能对比

在 pH 7.0 的 PBS 缓冲溶液中，考察了 1.0×10^{-3} $mol\cdot L^{-1}$ 抗坏血酸在不同电极上的电化学行为，实验结果如图 2.18 所示。由图可知，在 Cu/GO/GCE 电极上的氧化电流峰明显高于其他电极，说明 Cu/GO/GCE 对抗坏血酸有具有良好的电催化氧化作用，这是由于铜纳米粒子改善了电极的传感面积和导电能力，促进了电极表面电子的转移。

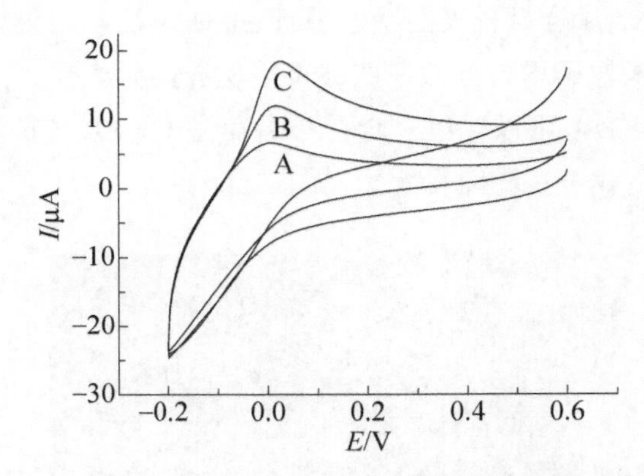

图 2.18 不同电极在含 1.0×10^{-3} $mol\cdot L^{-1}$ 抗坏血酸的 PBS 缓冲溶液中的 CV 曲线

电极：A—GCE；B—GO/GCE；C—Cu/GO/GCE

（2）抗坏血酸浓度的影响

在 pH 7.0 的 PBS 缓冲溶液中，Cu/GO/GCE 催化不同浓度的抗坏血酸，结果如图 2.19 所示。由图可见，随着抗坏血酸浓度的增加，氧化峰电流逐渐增大。抗坏血酸浓度 c 与氧化峰电流 I_p 的曲线关系如图 2.20 所示，在 1.0~2.0 $mmol \cdot L^{-1}$ 浓度范围内 c 与 I_p 呈线性关系，其线性回归方程为 $I_p = -8.4174 + 13.8464c$（R=0.9868）。

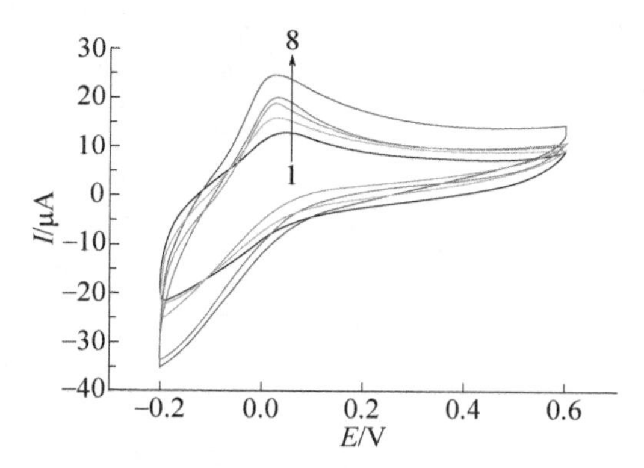

图 2.19 不同浓度抗坏血酸的 CV 曲线

抗坏血酸浓度/$mmol \cdot L^{-1}$（从 1→8）：0.25，0.5，0.75，1.0，1.25，1.5，1.75，2.0

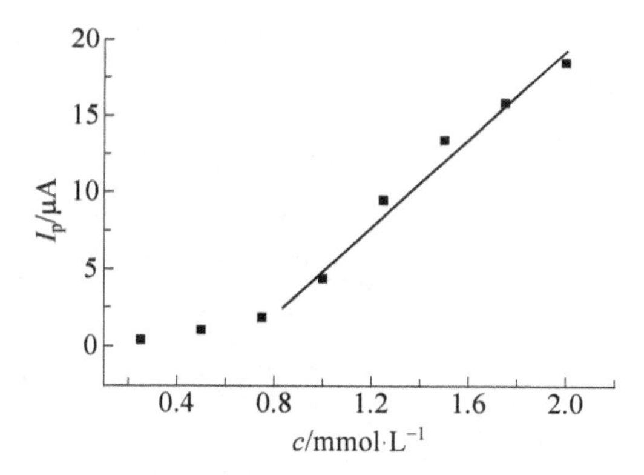

图 2.20 抗坏血酸浓度 c 与氧化峰电流 I_p 的关系曲线

（3）pH 值的影响

溶液的 pH 值对传感器的电化学响应有一定影响。由于抗坏血酸在碱性条件无法稳定存在，所以着重考察了酸性条件下支持电解质 pH 值对 Cu/GO 催化抗坏血酸的影响。以含 1.0×10^{-3} $mol \cdot L^{-1}$ 抗坏血酸的 PBS 缓冲溶液为支持电解质，通过改变其 pH，测其氧化峰电流变化，结果如图 2.21 所示。由图可见，pH 2.0 的 PBS 溶液可作为支持电解质。

（4）线性曲线

在 pH 2.0 的 PBS 缓冲溶液中研究 Cu/GO/GCE 对抗坏血酸进行线性曲线

扫描，设扫描速率为 0.02 $V·s^{-1}$，扫描范围−0.2~0.6 V，所得实验结果如图 2.22 所示。从图可见，氧化峰电流随着抗坏血酸浓度增加而增大，抗坏血酸浓度 c 与氧化峰电流 I_p 的关系曲线结果如图 2.23 所示。由图可见，抗坏血酸浓度在 $5×10^{-6}$~$1.5×10^{-3}$ $mol·L^{-1}$ 范围内与氧化峰电流 I_P 呈线性关系，其线性方程为 $I_p = -0.1480 + 1.2098c$（R=0.9993）。

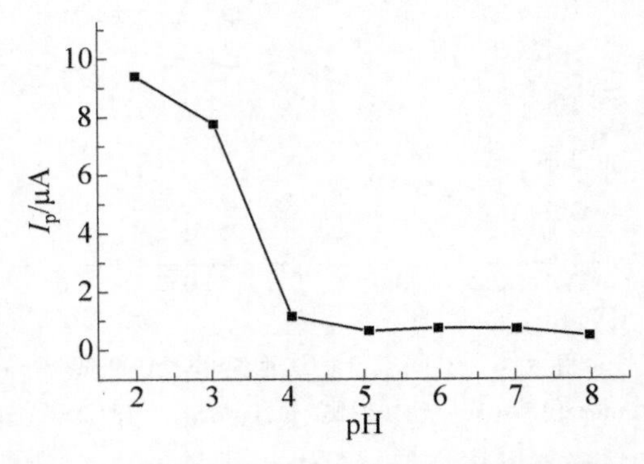

图 2.21　pH 值对 Cu/GO 催化抗坏血酸的影响

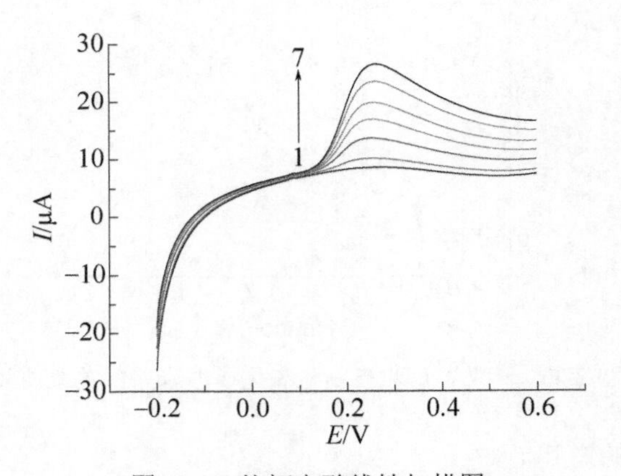

图 2.22　抗坏血酸线性扫描图

抗坏血酸浓度/$10^{-4}mol·L^{-1}$（从 1→7）：0.05，1.05，3.55，6.05，8.55，11.05，13.55

（5）性能对比

该抗坏血酸电化学传感器与其他电化学传感器的性能比较见表 2.4。结果表明该传感器对抗坏血酸有良好的电催化活性，具有构置简单、灵敏度高的特点，具有良好的应用前景。

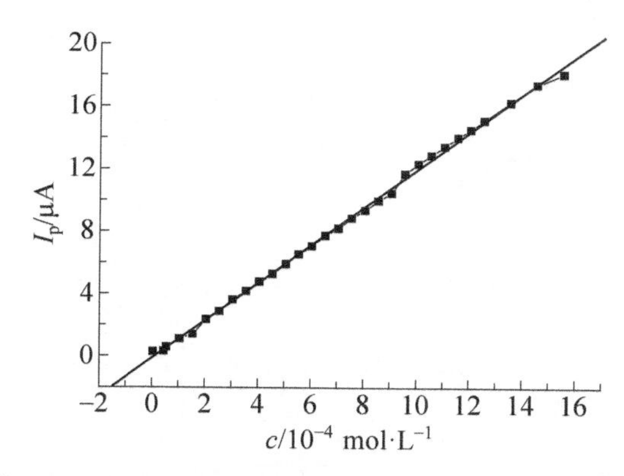

图 2.23 抗坏血酸浓度 c 与氧化峰电流 I_p 的线性关系

表 2.4 不同电化学传感器对抗坏血酸测定的比较

电极	检测限/μmol·L^{-1}	线性范围/μmol·L^{-1}	参考文献
PdNi/C/GCE	0.5	10~1800	[36]
PB/GCE	2	5~1000	[37]
MWCNT/PNB/GCE	11	50~1000	[38]
AgNPs/CNT/CPE	12	30~2000	[39]
PANI/SPCE	30	30~270	[40]
Cu/GO/GCE	5	5.0~1555	本实验结果

2.2.4 Cu/GO/GCE 电极对亚硝酸钠催化性能的研究

亚硝酸盐（NO_2^-）作为一种有毒致癌物质，在水体、土壤和食品中广泛存在。如果过量亚硝酸盐进入人体会给人类的身体健康带来严重危害，因此，非常有必要建立灵敏、快速、高效的 NO_2^-的检测方法。目前测定亚硝酸根离子的方法主要有分光光度法[41]、色谱法[42]、荧光分析法[43]和电化学分析法[44]等。其中，电化学分析法具有操作方便、仪器简单、分析速度快等优点，在测定亚硝酸根离子领域越来越受到重视。

（1）不同修饰电极的性能对照

用不同修饰电极在含 1.0×10^{-3} mol·L^{-1} 亚硝酸钠的 PBS 缓冲溶液中进行循环伏安扫描，设扫描速率为 0.2 V·s^{-1}，扫描范围为 0~1.0 V，实验结果如图 2.24 所示。

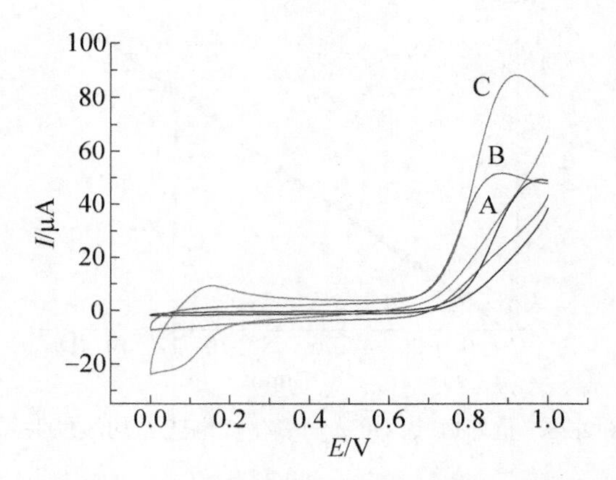

图 2.24　不同电极在含 1.0×10^{-3} $mol\cdot L^{-1}$ 亚硝酸钠的 PBS 缓冲溶液中的 CV 曲线

电极：A—GCE；B—GO/GCE；C—Cu/GO/GCE

由图 2.24 可见，在 0.82 V 附近出现明显的氧化电流峰，且 Cu/GO/GCE 对亚硝酸钠电催化性能最佳，其催化机理为：

$$NO_2^- + H_2O \longrightarrow NO_3^- + 2H^+ + 2e^-$$

（2）复合材料中纳米 Cu 含量对催化性能的影响

设定扫描速率为 $0.1\ V\cdot s^{-1}$，扫描范围 0~1.0 V，依次在 GO/GCE 上沉积 5、8、10、12、15、20 圈的 Cu，将所得的 Cu/GO/GCE 浸入到含 1.0×10^{-3} $mol\cdot L^{-1}$ 亚硝酸钠的 PBS 缓冲溶液中（pH 7.0）进行循环伏安扫描。负载圈数与氧化峰电流 I_p 的关系曲线如图 2.25 所示。由图可知，沉积 10 圈所制得的 Cu/GO/GCE 催化性能最高。

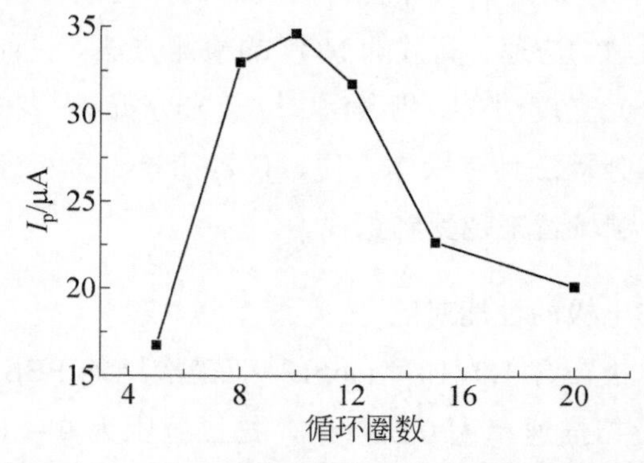

图 2.25　Cu 沉积圈数与氧化峰电流 I_p 的关系曲线

（3）pH 值的影响

因为 NO_2^-在强酸性介质中不能稳定存在会发生分解，因而为了提高检出限，需进一步对支持电解质的 pH 值进行优化。调整扫描范围 0~1.0 V，扫描速率 0.1 $V\cdot s^{-1}$，用 Cu/GO/GCE 催化不同 pH 下的 1.0×10^{-3} $mol\cdot L^{-1}$ 亚硝酸钠。

在 pH 2~10 范围，作 pH 值与氧化峰电流 I_p 的关系曲线如图 2.26 所示。由图可知，随着 pH 的增加氧化峰电流先增加后降低，在 pH 6.0 处出现极大值，故取 pH=6.0 的 PBS 缓冲溶液作支持电解质。

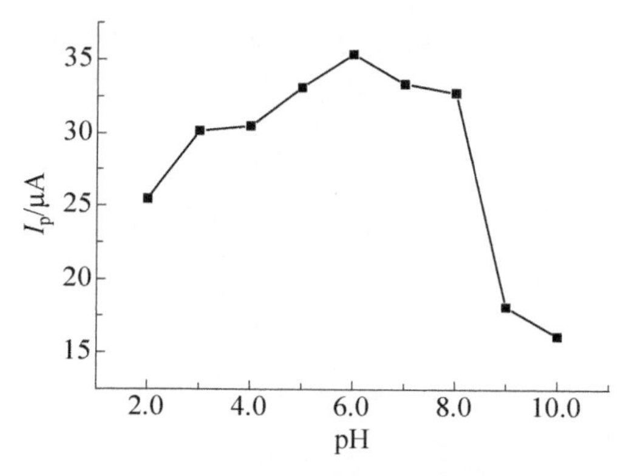

图 2.26 pH 值对 Cu/GO 催化亚硝酸钠的影响

（4）亚硝酸钠浓度对催化性能的影响

移取不同量的亚硝酸钠溶液，于 20 mL pH 6.0 的 PBS 缓冲溶液中，作 CV 扫描，结果如图 2.27 所示。由图 2.27 可知，随着亚硝酸钠浓度的增加，氧化峰电流进一步增大，在 0.25~2.0 $mmol\cdot L^{-1}$ 范围内亚硝酸钠浓度 c 与还原峰电流 I_p 有良好的线性关系，其线性方程为 $I_p = -4.2308 + 33.8298c$（R=0.9940）（图 2.28）。这进一步表明了 Cu/GO 对亚硝酸钠具有良好的催化性能。

（5）I-t 曲线

在作 I-t 曲线时，首先进行工作电位的优选。由于氧化电流峰出现在 0.82 V 附近，选取电位范围为 0.70~0.90V，间隔 0.50 V，所得 I-t 曲线如图 2.29 所示。由图可见，当扫描电压为 0.85 V 时，I-t 曲线响应平稳，电流值最大，电流响应良好，因此实验中采用此工作电位。

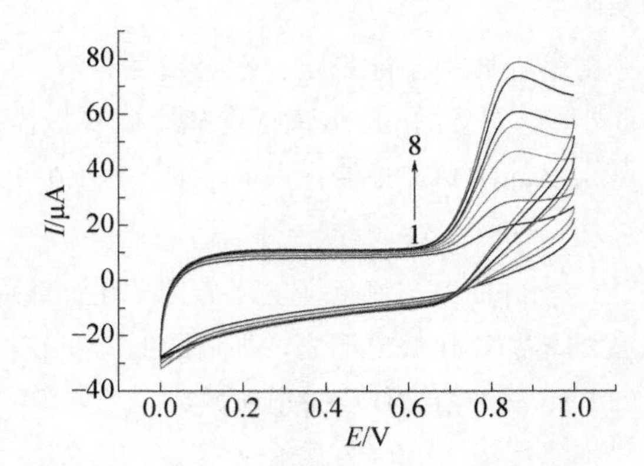

图 2.27　不同浓度亚硝酸钠溶液的 CV 曲线

浓度/mmol·L^{-1}（从 1→8）：0.25，0.5，0.75，1.00，1.25，1.50，1.75，2.00

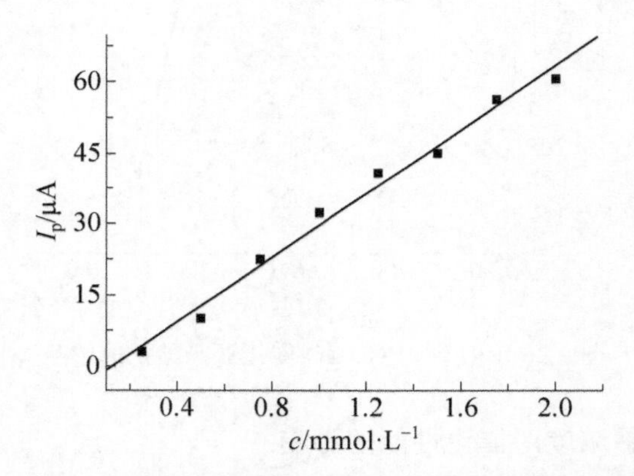

图 2.28　亚硝酸钠浓度 c 与氧化峰电流 I_p 的线性关系

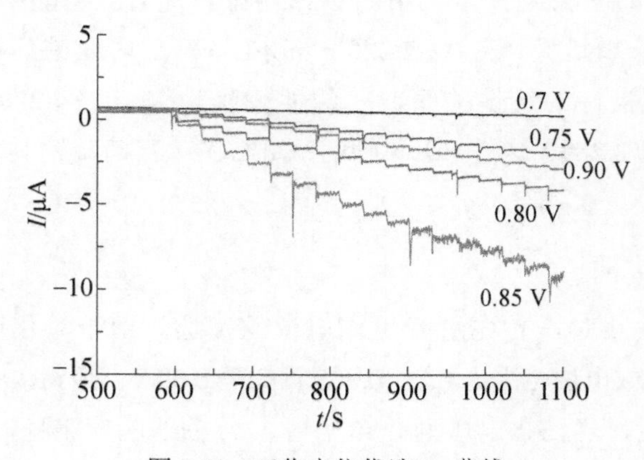

图 2.29　工作电位优选 I-t 曲线

在0.85 V下，不同亚硝酸钠加量下的I-t曲线如图2.30所示，在0.5~55.5 μmol·L^{-1}和60.5~105.5 μmol·L^{-1}范围内呈线性关系，检出限为0.5 μmol·L^{-1}（图2.31）。

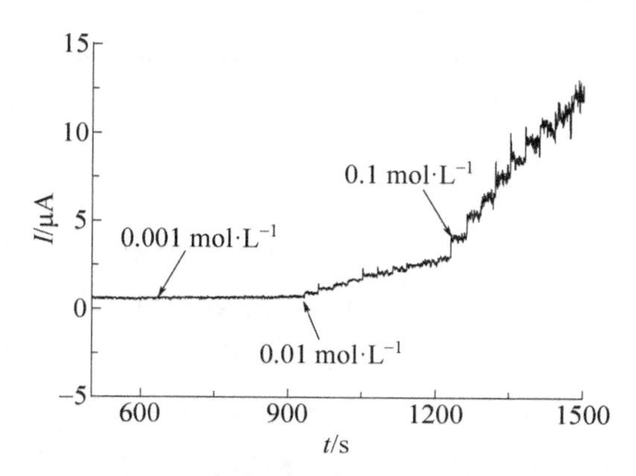

图2.30 不同亚硝酸钠加量下的I-t曲线

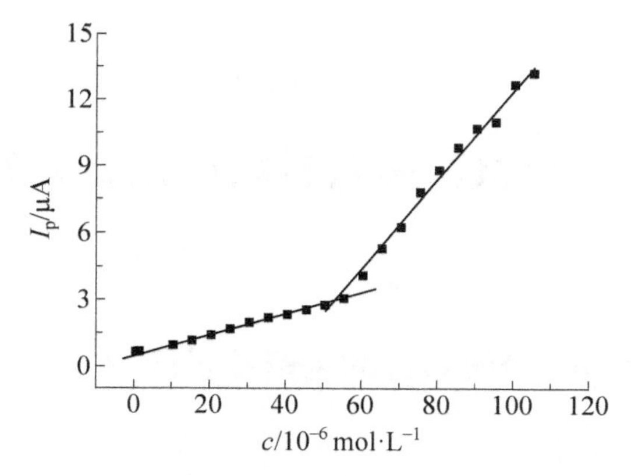

图2.31 亚硝酸钠浓度c与峰电流I_p的线性关系

由表2.5可见，与其他电化学传感器比较，基于Cu/GO/GCE的亚硝酸钠电化学传感器具有良好的催化活性。

表2.5 不同电化学传感器对NO_2^-的响应结果

电极	检出限/μmol·L^{-1}	线性范围/μmol·L^{-1}	参考文献
Pd-Fe/GCE	1.0	6~5000	[45]
纳米Au/P3MT/GCE	2.3	10~1000	[46]
VIVO(SB)/CPE	0.61	3.9~405	[47]
硫堇/ACNTs	1.12	3.0~500	[48]

续表

电极	检出限/$\mu mol \cdot L^{-1}$	线性范围/$\mu mol \cdot L^{-1}$	参考文献
Au/GCE	2.4	10~500	[49]
Cu/GO/GCE	0.5	0.5~55.5 60.5~105.5	本实验结果

2.2.5 小结

基于 Cu/GO/GCE 构置了两种无酶电化学传感器，研究了其对抗坏血酸和亚硝酸钠的电催化行为。实验结果表明，Cu/GO 对抗坏血酸有着良好的催化性能，在 5.0~1555 $\mu mol \cdot L^{-1}$ 浓度范围内催化还原峰电流与抗坏血酸浓度呈良好的线性关系，检出限为 5.0 $\mu mol \cdot L^{-1}$；同时此传感器对亚硝酸钠也具有良好的催化性能，测定亚硝酸钠的线性范围分两段，对应浓度为 0.5~55.5 $\mu mol \cdot L^{-1}$ 和 60.5~105.5 $\mu mol \cdot L^{-1}$ 范围内，其检出限达 0.5 $\mu mol \cdot L^{-1}$。

2.3 Cu-Ag/GO 复合材料的制备及其催化性能研究

2.3.1 Cu-Ag/GO/GCE 的制备及表征

移取 10 μL GO 悬浮液于玻碳电极上，自然晾干备用。配制含 0.1 $mol \cdot L^{-1}$ 的硝酸银、硝酸钾、硝酸铜的混合溶液。将溶液通氮气除氧，以 GO/GCE 为工作电极，铂丝电极为对电极，甘汞电极为参比电极，在电压范围为−1~0 V，扫描速率为 0.05 $V \cdot s^{-1}$ 的条件下进行多圈循环扫描，制得 Cu-Ag/GO/GCE。

图 2.32 为铜银合金沉积在石墨烯上的 SEM 图。图中铜银合金呈树枝状分布在 GO 表面。图 2.33 EDS 图证实了 Cu-Ag/GO 复合材料的成功制备。

2.3.2 亚硝酸钠在不同电极上的循环伏安图

图 2.34 为不同修饰电极在含 1.0×10^{-3} $mol \cdot L^{-1}$ 亚硝酸钠的 PBS 缓冲溶液中的 CV 曲线。由图可见，使用 Cu-Ag/GO/GCE 时，亚硝酸钠的氧化还原峰

显著增加，这归因于Cu-Ag合金和GO良好的协同效应。因此，Cu-Ag/GO/GCE用于亚硝酸钠的分析时，有望显著提高分析的灵敏度。

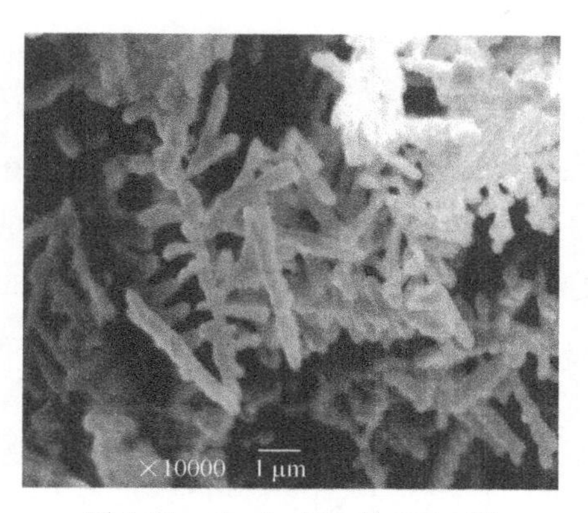

图 2.32　Cu-Ag/GO 的 SEM 图

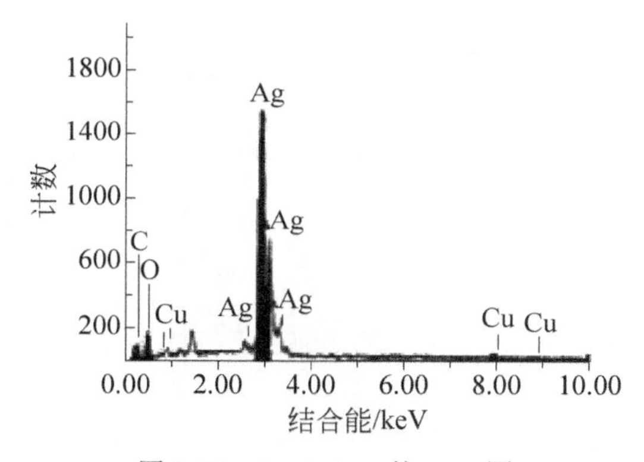

图 2.33　Cu-Ag/GO 的 EDS 图

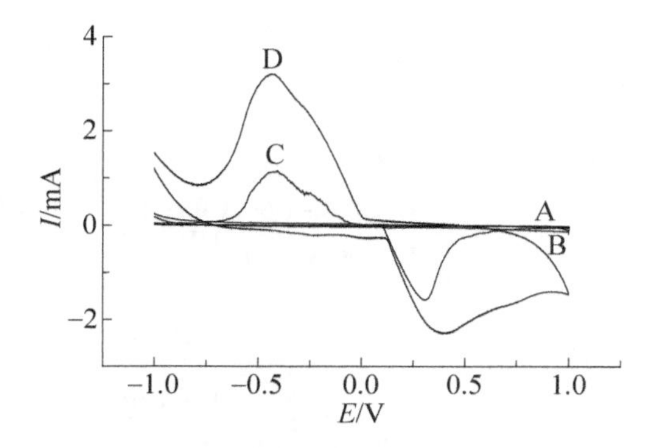

图 2.34　亚硝酸钠在不同修饰电极上的 CV 曲线

电极：A—GCE；B—GO/GCE；C—Cu-Ag/GCE；D—Cu-Ag/GO/GCE

2.3.3　实验条件的优化

（1）沉积圈数的优化

Cu-Ag/GO/GCE 上 Cu-Ag 合金的含量会影响分析结果的灵敏度。因此，我们研究了电沉积圈数对测定亚硝酸盐含量的影响。将 GO/GCE 浸在含 0.1 mol·L^{-1} 的硝酸银、硝酸钾、硝酸铜的混合溶液中，通氮除氧后，进行不同圈数的循环扫描，制得负载不同量 Cu-Ag 合金的 Cu-Ag/GO/GCE。记录所得不同修饰电极在含 1.0×10^{-3} mol·L^{-1} 亚硝酸钠的 PBS 缓冲溶液中的 CV 曲线（图 2.35）。

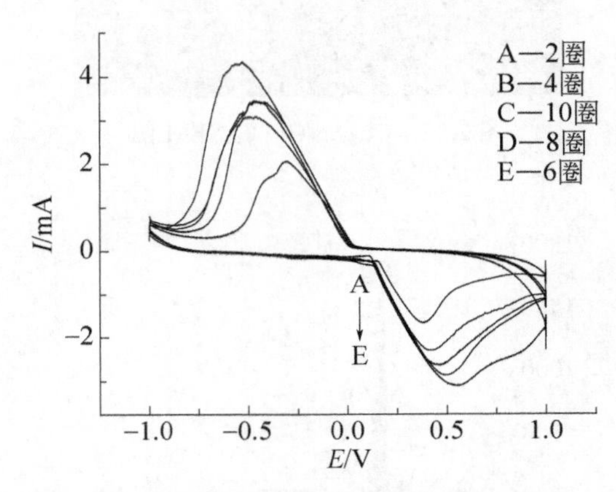

图 2.35　不同电沉积圈数下的 CV 曲线

由图 2.35 可见，随着电沉积圈数的增加，亚硝酸钠的氧化峰电流逐渐减小，这可能因为 Cu-Ag 合金量增加，导致电极表面电子转移速率降低。由图 2.36 可见，沉积 6 圈所制得的 Cu/GO/GCE 催化性能最高，故选 6 圈作为电沉积圈数。

（2）pH 值对电催化性能的影响

为了提高检出限，需进一步对支持电解质的 pH 值进行优化。因为 NO_2^- 在强酸性介质中不能稳定存在会发生分解。

$$2H^+ + 3NO_2^- \longrightarrow 2NO + NO_3^- + H_2O$$

因此考察了在 pH 3~8 范围内，pH 值对亚硝酸钠峰电流的影响，实验结果如图 2.37 所示。

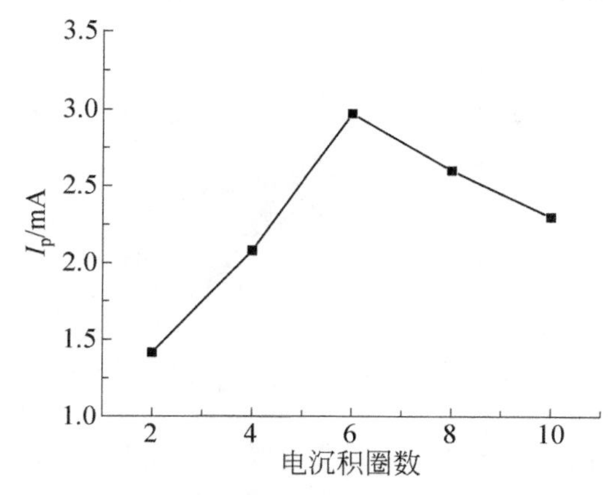

图 2.36　电沉积圈数与峰电流 I_p 的关系曲线

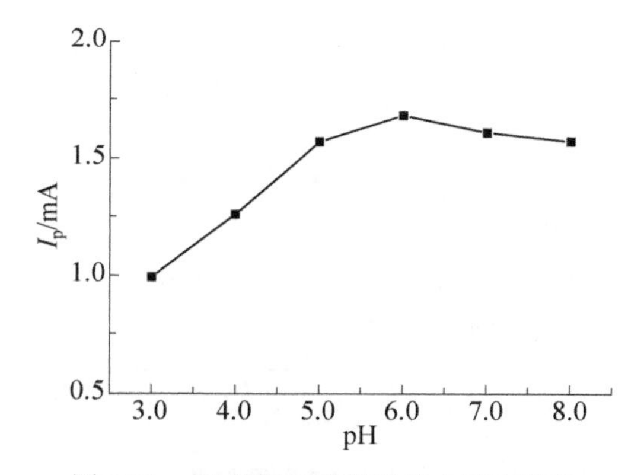

图 2.37　pH 值对亚硝酸钠峰电流的影响

由图 2.37 可知，当 pH=6.0 时，亚硝酸钠的峰电流最大，故取 pH=6.0 的 PBS 溶液作支持电解质。

（3）扫速的影响

依次改变扫描速率 v，测定 1.0 $mmol \cdot L^{-1}$ 亚硝酸钠在 Cu-Ag/GO/GCE 上的 CV 曲线，实验结果如图 2.38 所示。由图可见，随着扫描速率的增大，峰电流逐渐增强。

由图 2.39 可见，在扫描速率为 $0.02 \sim 0.16 V \cdot s^{-1}$ 的范围内，$v^{1/2}$ 与峰电流呈线性关系，线性方程为 $I_p = -0.3925 + 9.0792 v^{1/2}$（$R$=0.9906），因此，$NO_2^-$在电极表面的反应受扩散所控制。为了减少背景电流，提高信噪比，本实验选择的扫描速率 v 为 0.1 $V \cdot s^{-1}$。

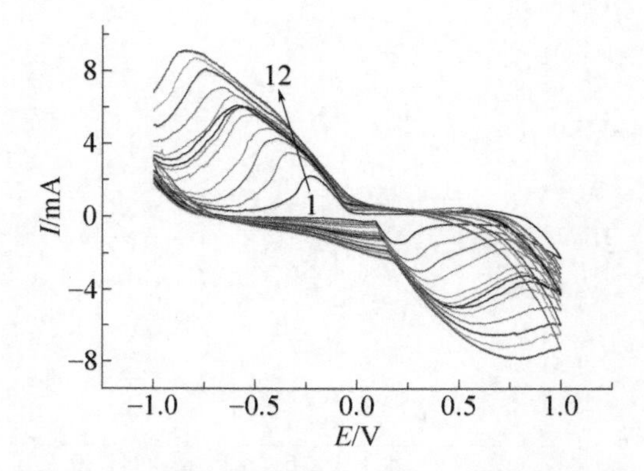

图 2.38 亚硝酸钠在不同扫描速率下的 CV 曲线

扫描速率/$V\cdot s^{-1}$（从 1→12）：0.02，0.04，0.06，0.08，0.10，0.14，0.16，0.18，0.20，0.25，0.30，0.35

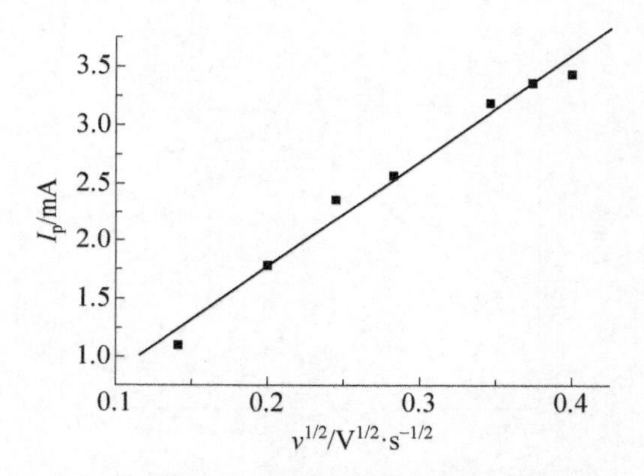

图 2.39 扫描速率与峰电流 I_p 的关系曲线

2.3.4 线性范围和检出限

线性扫描伏安法（LSV）是一种常用的电化学分析方法，具有方法简单、灵敏度高和测定时间短等特点，因此，我们选用 LSV 对亚硝酸根离子含量进行测定。移取不同量的亚硝酸钠溶液于 20 mL pH 6.0 的 PBS 缓冲溶液中，作 LSV 扫描，结果如图 2.40 所示。

由图 2.41 可知，随着亚硝酸钠含量的增加，氧化峰电流也在增强。电流响应与亚硝酸钠浓度在两段内呈线性关系分别是 8×10^{-9} $mol\cdot L^{-1}$~8×10^{-7} $mol\cdot L^{-1}$［图 2.41（a）］和 8×10^{-7}~2×10^{-6} $mol\cdot L^{-1}$［图 2.41（b）］，线性方程分别为 $I_p=1.7086+2.3233c$（R=0.9993）和 $I_p=2.0053+0.0131c$（R=0.9926），检出限为 8×10^{-9} $mol\cdot L^{-1}$。

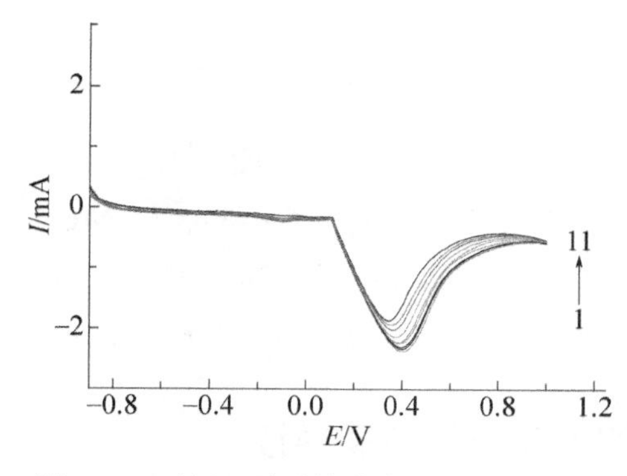

图 2.40　不同亚硝酸钠浓度下的 LSV 曲线

亚硝酸钠浓度/μmol·L^{-1}（从 1→11）：0.02，0.04，0.06，0.08，0.10，0.2，0.4，0.6，0.8，1.0，1.2

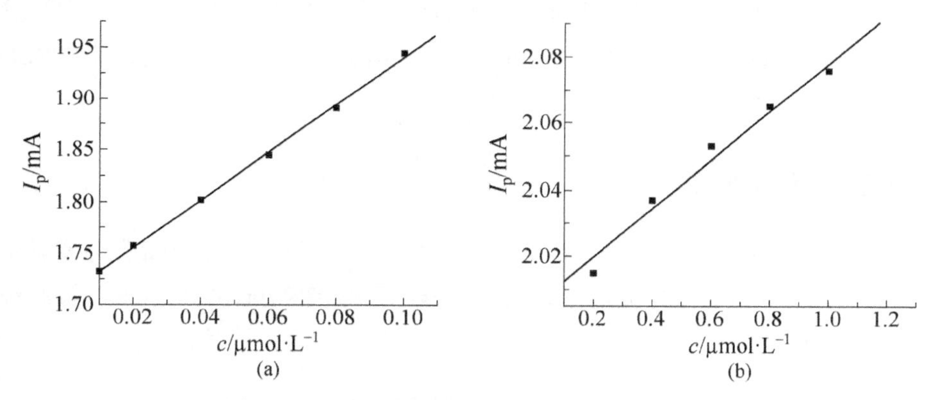

图 2.41　亚硝酸钠浓度与峰电流的线性关系图

将本文的亚硝酸盐电化学传感器与其他电化学传感器进行比较，所得结果如表 2.6 所示。可以看出基于 Cu-Ag/GO/GCE 的亚硝酸钠电化学传感器具有较低的检出限。

表 2.6　几种不同修饰电极催化性能比较

电极	线性范围/μmol·L^{-1}	检出限/μmol·L^{-1}	参考文献
np-PdFe/GCE	50~25500	0.8	[50]
Fe_3O_4/rGO/GCE	10~160	1.2	[51]
Cu-NDs/RGO/GCE	1.25~13000	0.4	[52]
Cu/MnO_2/GCE	0.5~1000	0.3	[53]
CR-GO/GCE	8.9~167	1.0	[54]
Au/MWCNTs/CPE	0.05~250	0.01	[55]
Cu-Ag/GO/GCE	0.008~0.8 0.8~2	0.008	本实验结果

2.3.5 干扰实验

在最佳测试条件下，当亚硝酸钠的浓度为 1.0 mmol·L^{-1}，控制测定的相对误差 5%，发现 100 倍的 K^+、NH_4^+、Cs^+、Al^{3+}、Mg^{2+}、Ca^{2+}、Sr^{2+}、Zn^{2+}、Cd^{2+}、Ni^{2+}、Cl^-、NO_3^-、SO_4^{2-}、PO_4^{3-}、CO_3^{2-}均不干扰亚硝酸钠的测定；50 倍的 Br^-和 25 倍的 $S_2O_3^{2-}$也不干扰亚硝酸钠的测定。

2.3.6 修饰电极的稳定性及重现性

用同一 Cu-Ag/GO/GCE 电极对 1.0 mmol·L^{-1} 亚硝酸钠平行测定 6 次，峰电流的 RSD 为 1.8%，说明修饰电极具有较好的稳定性。用 6 支不同批次制备的 Cu-Ag/GO/GCE 电极对 1.0mmol·L^{-1} 亚硝酸钠进行测定，峰电流的 RSD 为 2.5%，说明该电极具有较好的重现性。

2.3.7 回收测定

以 20 mL pH 6.0 的 PBS 溶液为测试底液，用标准加入法计算回收率，结果列于表 2.7。从表 2.7 可知，该工作电极的回收率从 96.5%~106%，具有较高的准确度。

表 2.7 Cu-Ag/GO/GCE 对亚硝酸钠的回收率测定结果（n=3）

样品	亚硝酸钠加入量/μmol·L^{-1}	测定值/μmol·L^{-1}	回收率/%
1	0.35	0.37	106
2	0.85	0.82	96.5
3	1.20	1.25	104

2.4 小结

通过电化学沉积法制备了 Cu-Ag/GO/GCE，并采用扫描电镜对 GO 和 Cu-Ag/GO 的形貌进行了表征。Cu-Ag/GO/GCE 对亚硝酸钠具有明显的电催化氧化性能。采用线性扫描伏安法，亚硝酸钠在 Cu-Ag/GO/GCE 上的氧化峰电流与其浓度在 8×10^{-9}~8×10^{-7} mol·L^{-1} 和 8×10^{-7}~2×10^{-6} mol·L^{-1} 范围内呈现良好的线性关系，检出限为 8×10^{-9} mol·L^{-1}。Cu-Ag/GO/GCE 具有良好的重现

性和稳定性，可用于亚硝酸钠实际样品分析，建立了测定亚硝酸钠的电化学分析新方法。

参 考 文 献

[1] Yang J, Deng S, Lei J, Ju H, Gunasekaran S. Electrochemical synthesis of reduced graphene sheet-AuPd alloy nanoparticle composites for enzymatic biosensing [J]. Biosens. Bioelectron., 2011, 29(1): 159-166.

[2] Zheng D, Hue C, Gan T, Hu S. Preparation and application of a novel vanillin sensor based on biosynthesis of Au-Ag alloy nanoparticles [J]. Sens. Actuators B, 2010, 148(1): 247-252.

[3] Gong J, Zhou T, Song D, Zhang L, Hu X. Stripping Voltammetric Detection of Mercury(Ⅱ) Based on a Bimetallic Au-Pt Inorganic-Organic Hybrid Nanocomposite Modified Glassy Carbon Electrode [J]. Anal. Chem., 2010, 82 (2): 567-573.

[4] Zhou C, Li S, Zhu W, Pang H, Ma H. A sensor of a polyoxometalate and Au-Pd alloy for simultaneously detection of dopamine and ascorbic acid[J]. Electrochim. Acta, 2013, 113(15): 454-463.

[5] Yin Z, Zhou W, Gao Y, Bao X. Supported Pd-Cu Bimetallic Nanoparticles That Have High Activity for the Electrochemical Oxidation of Methanol [J]. Chem. Eur. J., 2012, 18(16): 4887-4893.

[6] Bai Y, Sun Y, Sun C. Pt-Pb nanowire array electrode for enzyme-free glucose detection [J]. Biosens. Bioelectron., 2008, 24(4): 579-585.

[7] Huang JJ, Hwang WS, Weng YC, Chou TC. Corrigendum to "Determination of alcohols using a Ni-Pt alloy amperometric sensor[J]. Thin Sol. Films, 2008, 516(16): 5210-5216.

[8] Sun YG, Xia YN. Shape-controlled synthesis of gold and silver nanoparticles [J]. Science, 2002, 298: 2176-2179.

[9] Lazzeri A, Zebarjad SM, Pracella M, Cavalier K, Rosa R. Filler toughening of plastics. Part 1-The effect of surface interactions on physico-mechanical properties and rheological behaviour of ultrafine $CaCO_3$/HDPE [J]. Nanocomposites Polym., 2005, 46(3): 827-844.

[10] Ji Z, Shen X, Zhu G, Chen K. Reduced graphene oxide/nickel nanocomposites: facile synthesis, magnetic and catalytic properties [J]. J. Mater. Chem., 2012, 22(8): 3471-3477.

[11] Srivastava C, Chithra S, Malviya KD, Sinha SK, Chattopadhyay K. Crystallization behavior of poly(hydroxybytyrate-co-valerate) in model and bulk PHBV/kenaf fiber composites [J]. Acta Mater., 2011, 59(16): 6501-6509.

[12] Santhi K, Thirumal E, Karthick SN, Arumainathan S. Synthesis, structure stability and magnetic properties of nanocrystalline Ag-Ni alloy [J]. J. Nanopart. Res., 2012, 14(5): 868.

[13] Sridharan K, Endo T, Cho SG, Kim J, Park TJ, Philip R. Single step synthesis and optical limiting properties of Ni-Ag and Fe-Ag bimetallic nanoparticles [J]. Opt. Mater., 2013,

35(5): 860-867.

[14] Kumar M, Deka S. Multiply twinned AgNi alloy nanoparticles as highly active catalyst for multiple reduction and degradation reactions [J]. ACS Appl. Mater. Interf., 2014, 6(18): 16071-16081.

[15] Dhanda R, Kidwai M. Reduced graphene oxide supported AgxNi100-x alloy nanoparticles: a highly active and reusable catalyst for the reduction of nitroarenes [J]. J. Mater. Chem. A, 2015, 3(38): 19563-19574.

[16] Guascito MR, Filippo E, Malitesta C, Manno D, Serra A, Turco A. A new amperometric nanostructured sensor for the analytical determination of hydrogen peroxide [J]. Biosens. Bioelectron., 2008, 24 (4): 1057-1063.

[17] Gajendran P, Saraswathi R. Enhanced Electrochemical Growth and Redox Characteristics of Poly(o-phenylenediamine) on a Carbon Nanotube Modified Glassy Carbon Electrode and Its Application in the Electrocatalytic Reduction of Oxygen [J]. J. Phys. Chem. C, 2007, 111(30): 11320-11328.

[18] Cui K, Song Y, Yao Y, Huang Z, Wang L. A novel hydrogen peroxide sensor based on Ag nanoparticles electrodeposited on DNA-networks modified glassy carbon electrode [J]. Electrochem. Commun, 2008, 10 (4): 663-667.

[19] Lin CY, Lai YH, Balamurugan A, Vittal R, Lin CW, Ho KC. Electrode modified with a composite film of ZnO nanorods and Ag nanoparticles as a sensor for hydrogen peroxide [J]. Talanta, 2010, 82(1): 340-347.

[20] Song XC, Wang X, Zheng YF, et al. A hydrogen peroxide electrochemical sensor based on Ag nanoparticles grown on ITO substrate [J]. J. Nanopart. Res., 2011, 13(10): 5449-5455.

[21] Liu S, Tian JQ, Wang L, Sun X. A method for the production of reduced graphene oxide using benzylamine as a reducing and stabilizing agent and its subsequent decoration with Ag nanoparticles for enzymeless hydrogen peroxide detection [J]. Carbon, 2011, 49 (10): 3158-3164.

[22] Lu WB, Liao R, Luo YL, Chang G, Sun X. Hydrothermal synthesis of well-stable silver nanoparticles and their application for enzymeless hydrogen peroxide detection [J]. Electrochim. Acta, 2011, 56 (5): 2295-2298.

[23] Luo YL, Lu WB, Chang GH, Liao F, Sun X. One-step preparation of Ag nanoparticle-decorated coordination polymer nanobelts and their application for enzymeless H_2O_2 detection [J]. Electrochim. Acta, 2011, 56 (24): 8371-8374.

[24] Zheng JB, Sheng QL, Li L, et al. Bismuth hexacyanoferrate-modified carbon ceramic electrodes prepared by electrochemical deposition and its electrocatalytic activity towards oxidation of hydrazine [J], J. Electroanal. Chem., 2007, 611(1-2): 155-161.

[25] Li J, Lin XQ. Electrocatalytic oxidation of hydrazine and hydroxylamine at gold nanoparticle - polypyrrole nanowire modified glassy carbon electrode [J]. Sens. Actuators: B, 2007, 126: 527-535.

[26] Yang J, Jiang LC, Zhang WD, et al. A highly sensitive non-enzymatic glucose sensor based on a simple two-step electrodeposition of cupric oxide (CuO) nanoparticles onto multi-walled carbon nanotube arrays [J]. Talanta, 2010, 82(1): 25-30.

[27] Luo J, Jiang SS, Zhang HY, et al. A novel non-enzymatic glucose sensor based on Cu nanoparticle modified graphene sheets electrode [J]. Anal. Chim. Acta, 2012, 709: 47-53.

[28] Ghasem KN, Roghieh J, Parisa SD. Copper (hydr) oxide modified copper electrode for electrocatalytic oxidation of hydrazine in alkaline media [J]. Electrochim. Acta, 2009, 54: 5721-5726.

[29] Jayasri D, Narayanan SS. Amperometric determination of hydrazine at manganese hexacyan of errate modified graphite-wax composite electrode [J]. J. Hazard. Mater., 2007, 144: 348-354.

[30] Zheng JB, Sheng QL, Li L, Shen Y. Bismuth hexacyanoferrate-modified carbon ceramic electrodes prepared by electrochemical deposition and its electrocatalytic activity towards oxidation of hydrazine [J]. J. Electroanal. Chem., 2007, 611, 155-161.

[31] Abbaspour A, Shamsipur M, Siroueinejad A, Kia R, Raithby PR. Renewable-surface sol-gel derived carbon ceramic-modified electrode fabricated by a newly synthesized polypyridil and phosphine Ru (II) complex and its application as an amperometric sensor for hydrazine [J]. Electrochim. Acta, 2009, 54, 2916-2923.

[32] Salimi A, Abdi K. Enhancement of the analytical properties and catalytic activity of a nickel hexacyanoferrate modified carbon ceramic electrode prepared by two-step sol-gel technique: application to amperometric detection of hydrazine and hydroxylamine [J]. Talanta, 2004, 63, 475-483.

[33] Jiang J, Zhang P, Liu Y, et al. A novel non-enzymatic glucose sensor based on a Cu nanoparticle modified graphene edge nanoelectrode [J]. Anal. Methods, 2017, 9(14): 2205-2210.

[34] Luo J, Zhang H, Jiang S, et al. Facile one-step electrochemical fabrication of a non-enzymatic glucose selective glassy carbon electrode modified with copper nanoparticles and graphene [J]. Microchem. Acta, 2012, 177(3-4):485-490.

[35] Meng Z , Sheng Q , Zheng J . A sensitive non-enzymatic glucose sensor in alkaline media based on Cu/MnO_2-modified glassy carbon electrode [J]. J. Iranian Chem. Soc., 2012, 9(6): 1007-1014.

[36] Zhang X, Cao Y, Yu S, Yang F, Xi P. An electrochemical biosensor for ascorbic acid based on carbon-supported Pd-Ni nanoparticles [J]. Biosens. Bioelectron., 2013, 44: 183-190.

[37] Castro SSL, Balbo VR, Barbeira PJS, Stradiotto NR. Flow injection amperometric detection of ascorbic acid using a Prussian. Blue film-modified electrode [J]. Talanta, 2001, 55: 249-254.

[38] Kul D, Ghica ME, Pauliukaite R, Brett CM. A novel amperometric sensor for ascorbic acid based on poly(Nile blue A) and functionalised multi-walled carbon nanotube

modified electrodes [J]. Talanta, 2013, 111: 76-84.

[39] Tashkhourian J, Nezhad MRH, Khodavesi J, Javadi S. Silver nanoparticles modified carbon nanotube paste electrode for simultaneous determination of dopamine and ascorbic acid [J]. Electroanal. Chem., 2009, 633: 85-91.

[40] Kit-Anan W, Olarnwanich A, Sriprachuabwong C, Karuwan C, Tuantranont A, Wisitsoraat A, Srituravanich W, Pimpin A. Disposable paper-based electrochemical sensor utilizing inkjetprinted Polyaniline modified screen-printed carbon electrode for Ascorbic acid detection [J]. Electroanal. Chem., 2012, 685: 72-78.

[41] 易师，刘荣丽，邹龙. 分光光度法测定氢氧化稀土中微量硝酸根含量的研究[J]. 稀有金属与硬质合金, 2015, 43(5): 72-74.

[42] 章骅，宋文华，赵婷. 双系统离子色谱同时测定河流中氨氮、亚硝酸盐和硝酸盐的含量[J]. 环境污染与防治, 2013, 35(9): 75-77.

[43] 赵恩铭，李恩涛，滕平平，刘春兰，郭小慧，李松，杨兴华.基于表面开孔光纤的集成式亚硝酸盐微流荧光传感器[J]. 光学精密工程, 2015, 23(8): 2158-2163.

[44] 许腕彬，黄三庆，吕汪洋，陈文兴. 碳纳米管/石墨烯负载四氨基钴酞菁电极用于亚硝酸钠的检测[J]. 浙江理工大学学报(自然科学版), 2015, 33(4): 464-467.

[45] Lu LP, Wang SQ, Kang TF, Xu WW. Synergetic effect of Pd-Fe nanoclusters: electrocatalysis of nitrite oxidation [J]. Microchem. Acta, 2008, 162: 81-85.

[46] Huang X, Li YX, Chen YL, Wang L. Electrochemical determination of nitrite and iodate by use of gold nanoparticles poly(3-methylthiophene) composite coated glassy carbon electrode[J]. Sens. Actuators, B, 2008, 134: 780-786.

[47] Kamyabi MA, Aghajanloo F. Electrocatalytic oxidation and determination of nitrite on carbon paste electrode modified with oxovanadium(Ⅳ)-4-methyl salophen[J]. Electroanal. Chem., 2008, 614: 157-165.

[48] Song Y, Ma YT, Wang Y, Di JW. Electrochemical deposition of gold-platinum alloy nanoparticles on an indium tin oxide electrode and their electrocatalytic applications [J]. Electrochim. Acta, 2010, 55: 4909-4914.

[49] Cui YP, Yang CZ, Zeng W, Oyama M, Pu WH, Zhang JD. Electro chemical determination of nitrite using a gold nanoparticlesmodified glassy carbon electrode prepared by the seed-mediatedgrowth technique [J]. Anal. Sci., 2007, 23: 1421-1425.

[50] Wang JP, Zhou HY, Fan DW, Zhao DY, Xu CX. A glassy carbon electrode modified with nanoporous PdFe alloy for highly sensitive continuous determination of nitrite [J]. Microchim. Acta, 2015, 182: 1055-1061.

[51] Teymourian H, Salimi A, Khezrian S. Fe_3O_4 magnetic nanoparticles/reduced graphene oxide nanosheets as a novel electrochemical and bioeletrochemical sensing platform [J]. Biosens. Bioelectron., 2013, 49: 1-8.

[52] Zhang D, Fang Y, Miao Z, et al., Direct electrodeposion of reduced grapheme oxide and dendritic copper nanoclusters on glassy carbon electrode for electrochemical detection of nitrite [J]. Electrochim. Acta, 2013,107: 656-663.

[53] Meng ZC, Zheng JB, Li QD. A nitrite electrochemical sensor based on electrodeposition of zirconium dioxide nanoparticles on carbon nanotubes modified electrode [J]. J. Iran. Chem. Soc., 2015, 12: 1053-1060.

[54] Mani V, Periasamy AP, Chen SM. Highly selective amperometric nitrite sensor based on chemically reduced graphene oxide modified electrode [J]. Electrochem. Commun., 2012, 17: 75-78.

[55] Afkhami A, Soltani-Felehgari F, Madrakian T, Ghaedi H. Surface decoration of multiwalled carbon nanotubes modified carbon paste electrode with gold nanoparticles for electro-oxidation and sensitive determination of nitrite [J]. Biosens. Bioelectron., 2014, 51: 379-385.

第3章 金属化合物/石墨烯复合材料

石墨烯与金属化合物复合时，石墨烯为纳米粒子提供平面结构和特殊的性能，而纳米粒子减少石墨烯层间的作用力，因此金属氧化物/石墨烯的复合材料为增强型复合材料。金属氧化物/石墨烯复合材料的制备方法可分为非原位合成法和原位合成法两类。

（1）非原位合成法

金属化合物/石墨烯的非原位合成法中要先制备出金属化合物，然后通过共价键或非共价键（包括 π-π 作用力，范德华力，氢键，静电作用等）将其与石墨烯复合。在两者混合前，金属氧化物或石墨烯或者两者常需要功能化，从而实现作用力，形成复合物。该法步骤多，可预先根据需求通过自组装的方法来调节金属氧化物的尺寸、形态和密度等因素，之后再与石墨烯复合，从而制备出新颖的石墨烯基复合材料。由于石墨烯表面含氧基团的电离使其具有负电性，因此可以与带有正电荷的粒子通过静电作用复合，例如带正电的金属氧化物可以和带负电的石墨烯混合形成石墨烯基复合材料。

（2）原位合成法

非原位合成法可预先选择所需复合材料的功能结构，但所需复合的材料在石墨烯表面分布不均匀且密度低，严重制约了复合材料的性能。原位合成法是制备金属化合物/石墨烯复合材料的常用方法，可以通过石墨烯表面功能化来控制成核位点，使得所需复合的材料均匀分布在其表面，这一方面可避免使用连接剂，另一方面导电性也得到了保证。

原位合成法主要分为以下几种：①化学还原法。化学还原法是制备金属化合物/石墨烯复合材料最为常用的方法，一般以金属盐为原料，经还原剂如 $NaBH_4$、胺类、维生素 C 等将其在石墨烯表面上还原形成金属化合物。②电化学沉积法。电化学沉积法是较为绿色高效的制备方法，无需使用还原剂和有机溶剂，电极放入含金属前驱体的电解液进行沉积反应，直接在石墨烯基底上沉积金属化合物，可以通过改变电化学沉积条件来调节金属化合物的尺寸和形状，操作过程较为简单且无污染，具有方法成本低、稳定性高、重复性强的特点。③水热法。水热法是指利用在封闭体积中产生的高温高压直接将石墨烯还原，获得金属化合物/石墨烯复合材料。该方法实验条件简单易行，且不需要煅烧或退火，有利于进一步优化复合材料中的金属氧化物晶型。目前大部分金属化合物/石墨烯复合材料基本上都可以通过水热法制备。

金属化合物/石墨烯具有大的理论比表面积和非常高的吸附容量，这使石墨烯基复合材料在催化及吸附方面具有很大的应用潜力；由于石墨烯中各碳原子之间的连接非常柔韧，当施加外部机械力时，碳原子面出现弯曲变形，避免了碳原子的重新排列来适应外力，使金属化合物/石墨烯展现出优良的稳定性；石墨烯的高电子迁移率（$10^4\ S\cdot cm^{-1}$）与导热性（$5000\ W\cdot m^{-1}\cdot K^{-1}$）使金属化合物/石墨烯在电化学催化剂与光催化剂方面有重要应用。当前一直提倡“绿色化工”，绿色环保材料越来越受到科学家们的关注，因此迫切需要绿色合成出金属化合物/石墨烯复合材料，拓宽金属化合物/石墨烯复合材料的应用领域，为石墨烯的研究提供新的发展方向。

3.1　镍基复合材料/石墨烯的电催化性能研究

多孔纳米材料由于比表面积大、表面反应活性高和表面原子配位不全等导致表面的活性位点增加、催化效率提高、吸附能力增强和富集污染物的能力增强，符合传感器的多功能、微型化和高速化要求，从而为电化学分析研究提供了新的研究方向。与传统的传感界面相比，基于多孔纳米材料构建的传感界面可使检测灵敏度大幅度提高，检测的反应时间缩短，并且可以实现高通量的实时现场检测分析。Szamocki[1]等使用凝胶沉积的晶体作为模板，制备多孔电极并实现了对葡萄糖的高灵敏检测。Zielasek[2]等通过硝酸选择性溶解金银合金中银的方法，制备出不需要模板的三维多孔金膜，将其用于甲醇的催化氧化和 CO 催化加氢。Dai[3]等采用模板法合成了管状多孔银纳米粒子，利用其对胆固醇的催化氧化性，构建了高灵敏的无酶型胆固醇传感器。

金属合金具有比金属单质更高的催化性能，能较好地降低样品中杂质的干扰，提高分析的选择性和灵敏度[4]。Xu 等[5]通过对 $Al_{75}Pt_{15}Au_{10}$ 去合金化制备出多孔纳米的 Pt-Au 合金，该多孔合金对甲醇和甲酸有很好的电催化活性，显示了更高的抗 CO 中毒能力。Xu 等[6]以多孔纳米铜为模板制备出了纳米管道状介孔 Pd-Cu 合金，发现其具有比商业 Pt-C 或 Pd-C 更高的甲酸电催化性能。Chen 等[7]通过对 $Pd_{20}Ni_{80}$ 电化学去合金化，制备出了 Pd-Ni 合金，该多孔合金对氧还原具有很高的电催化活性。

金属氧化物半导体材料在充当电极材料时具有较好的化学稳定性和热稳定性[8]。Xu 等[9]通过对 CoAl 去合金化，制备出了多孔 Co，将其在氧氛围中进行煅烧，制备出了多孔 Co_3O_4，该多孔 Co_3O_4 对 CO 具有很高的电催化活性。Wan 等[10]以共聚物为结构引导剂，制备出了多孔氧化铁纳米粒子，研究了其对重金属离子 Cr^{6+} 的清除作用。Yang 等[11]以罗丹明 B 为结构引导剂，通过电沉积的方法制备了多孔 SnO_2，极大提高了对苯酚的电催化氧化能力。

基于多孔纳米材料构建的化学修饰电极在生物催化、环境分析、燃料电池、工业催化等领域的研究中能大幅度提高分析检测的选择性和灵敏度，然而相关的研究工作才开始。Ni、NiO、$Ni(OH)_2$ 以其高的质子扩散系数和优良的电化学性能赢得了研究者的广泛关注[12-15]。本节采用去合金化法在石墨烯修饰电极上制备出了多孔 $Ni(OH)_2$-Ni/GO 纳米复合材料，研究了其对甲醛和葡萄糖的电催化性能。

3.1.1 $Ni(OH)_2$–Ni/GO/GCE 的制备及表征

（1）$Ni(OH)_2$-Ni/GO/GCE 的制备

采用合金-去合金化法制备多孔镍，即首先在 GO/GCE 基体上阴极电沉积 Ni-Cu 合金镀层，之后通过去合金化法溶解金属铜，从而得到多孔 Ni/GO/GCE。沉积液为 $NiCl_2$、$CuSO_4$ 和 H_3BO_3 的混合溶液。

以 Ni/GO/GCE、Pt 和甘汞电极分别作为工作电极、对电极和参比电极。电解液为 KOH 溶液，采用循环伏安法在 0~0.5 V 的电位范围内对多孔金属镍膜进行循环阳极氧化处理可制得 $Ni(OH)_2$-Ni/GO/GCE。

（2）$Ni(OH)_2$-Ni/GO 的表征

$Ni(OH)_2$-Ni/GO 的 SEM 图如图 3.1 所示。这是在 0.5 V 的阳极电位下铜

核发生阳极溶解，而镍壳因钝化得以保留，于是形成了多孔镍膜，后氢氧化镍沿着孔壁生长，形成 $Ni(OH)_2$-Ni 包覆型结构。$Ni(OH)_2$-Ni/GO 的 EDS 分析结果如图 3.2 所示。由图 3.2 可知，样品中主要含 C、O、K 和 Ni 元素，C 元素质量含量为 47.13%，O 元素含量为 22.33%，K 元素含量为 7.10%，Ni 元素含量为 23.44%。其中含 K 元素是由于沉积液中的 KOH。

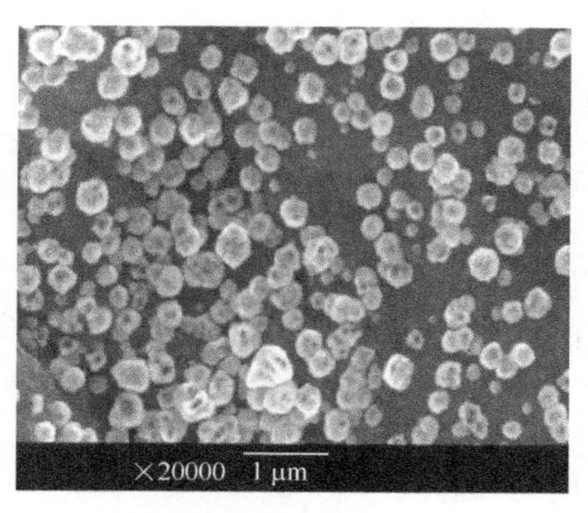

图 3.1 $Ni(OH)_2$-Ni/GO 的 SEM 图

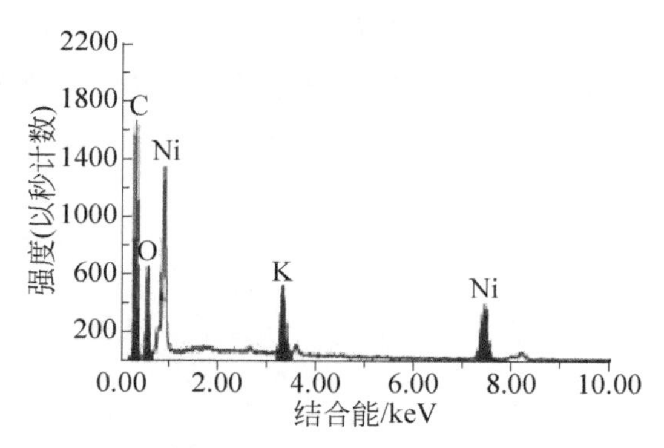

图 3.2 复合电极 $Ni(OH)_2$-Ni/GO EDS 图

3.1.2 电解体系的优选

（1）Cu-Ni 沉积时间的优化

将在−0.8 V 恒电位下沉积不同时间制备的 Cu-Ni/GO 复合电极，在甲醛浓度为 14.4 $mmol \cdot L^{-1}$ 的 1.0 $mol \cdot L^{-1}$ KOH 电解液中运用循环伏安法考察。以产生最大氧化峰的曲线的电极所对应的时间为最佳沉积时间，实验结果如图 3.3 所示。

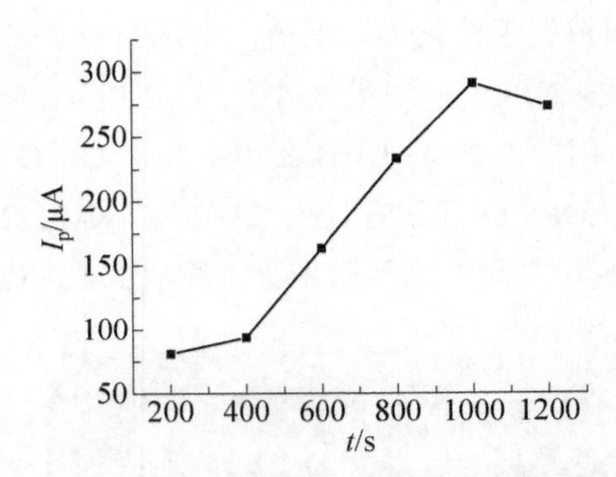

图 3.3　恒电位下沉积时间与峰电流的关系曲线

由图 3.3 可以看出，峰电流随沉积时间的增加呈现先增加后轻微减小的趋势。因为随着沉积时间的增加电极上多孔镍的沉积量增加，所以峰电流逐渐增加，并在 1000 s 达到最大值。故选择 1000 s 为最佳沉积时间。

（2）去合金化时间的优选

将上述实验制备的 Cu-Ni/GO 在 0.5 V 恒电位下进行去合金化，制备多孔 Ni/GO。在含 14.4 $mmol \cdot L^{-1}$ 甲醛的 1.0 $mol \cdot L^{-1}$ KOH 电解液中，通过循环伏安法考察了 Cu-Ni/GO 去合金化后所得多孔 Ni/GO 的性能，实验结果如图 3.4 所示。

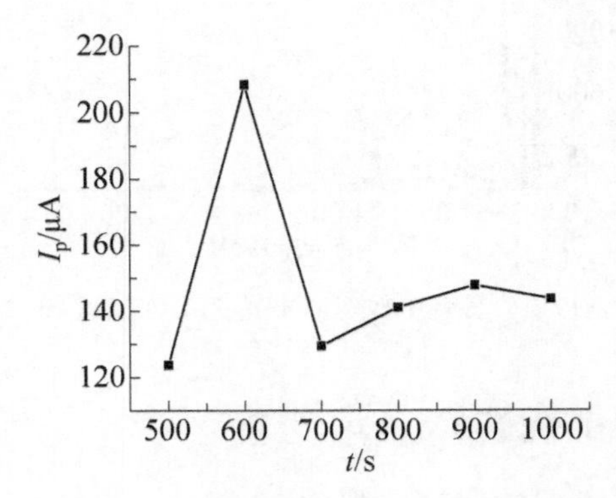

图 3.4　去合金化时间与峰电流的关系曲线

由图 3.4 可以看出，随沉积时间的增加峰电流先增加后减小最后基本保持不变，这表示在 700 s 后合金中的 Cu 已被完全除掉。因此，选择 900 s 为最佳去合金化时间。

（3）$Ni(OH)_2$-Ni/GO 制备时间的优选

用前两步选出的最佳时间制得多孔 Ni/石墨烯，以 KOH 溶液为电解液进行循环伏安扫描，分别循环（循环圈数）30、35、40、45、50、55 圈后制备出 $Ni(OH)_2$-Ni/GO 复合电极。然后研究所制电极对甲醛的电催化行为，实验结果如图 3.5 所示。

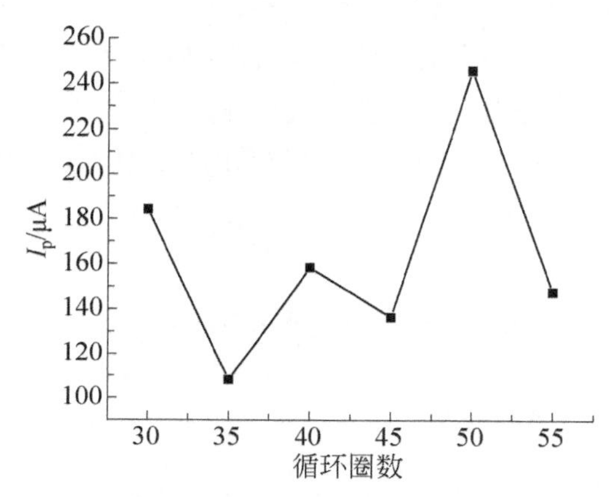

图 3.5　不同循环圈数与甲醛电催化峰电流的关系

由图 3.5 可知，循环 50 圈时所制的 $Ni(OH)_2$-Ni/GO 具有最佳的催化性能，因此选择 50 圈为最佳循环圈数。

（4）KOH 溶液浓度的优选

研究 $Ni(OH)_2$-Ni/GO 复合电极分别在 0.2 $mol \cdot L^{-1}$、0.4 $mol \cdot L^{-1}$、0.6 $mol \cdot L^{-1}$、0.8 $mol \cdot L^{-1}$、1.0 $mol \cdot L^{-1}$ KOH 溶液中对甲醛的电催化性能。实验结果如图 3.6 所示。

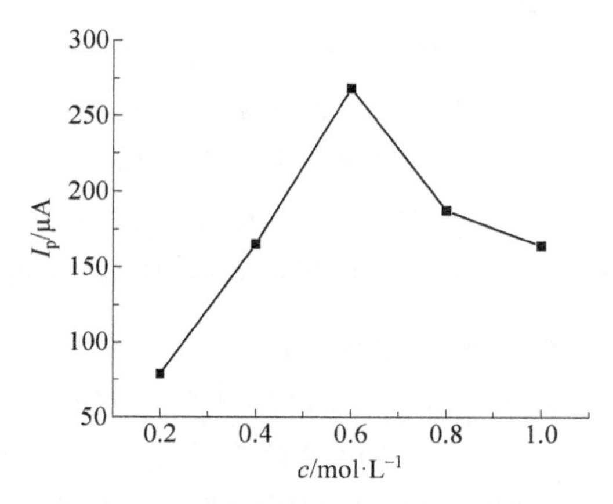

图 3.6　KOH 沉积液浓度与峰电流的关系

可以看出，随着氢氧化钾浓度的增加，峰电流呈现先增加后减少的趋势。故选择 0.6 mol·L^{-1} 的 KOH 为支持电解质。

3.1.3 $Ni(OH)_2$-Ni/GO/GCE 对甲醛的催化性能研究

（1）不同修饰电极对甲醛的催化性能对比

图 3.7 为不同电极在含甲醛的 KOH 溶液中的循环伏安图。由图 3.7 可见，裸电极和 $Ni(OH)_2$-Ni/GCE 对甲醛的氧化作用很小，GO/GCE 和 $Ni(OH)_2$-Ni/GO/GCE 均对甲醛有明显的电催化氧化作用，但 $Ni(OH)_2$-Ni/GO/GCE 具有较强的电催化性能。

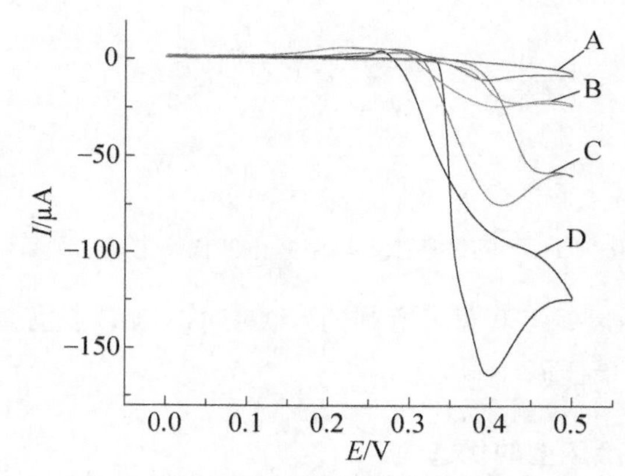

图 3.7　不同电极对甲醛的电催化性能对比

电极：A—GCE；B—$Ni(OH)_2$-Ni/GCE；C—GO/GCE；D—$Ni(OH)_2$-Ni/GO/GCE

（2）扫描速率的影响

为了进一步研究催化过程，研究了扫描速率对催化的影响。图 3.8 为不同扫描速率下的循环伏安图。从图 3.8 可见，随着扫描速率的增加，峰电流逐渐增加。图 3.9 是扫描速率平方根与氧化峰电流的关系曲线。由图 3.9 可知，扫描速率的平方根与峰电流呈线性关系，线性方程为 $I_p = -35.32 + 0.3238v^{1/2}$（$R = 0.9942$），因此甲醛在电极表面的反应受扩散所控制。

（3）$Ni(OH)_2$-Ni/GO 对甲醛的催化能力

移取不同量的甲醛于 20 mL 0.6 mol·L^{-1} KOH 溶液中，作循环伏安扫描，结果如图 3.10 所示。由图可知，随着甲醛浓度的增加，氧化峰电流进一步增大，进一步表明了 $Ni(OH)_2$-Ni/GO 对甲醛具有良好的催化性能。

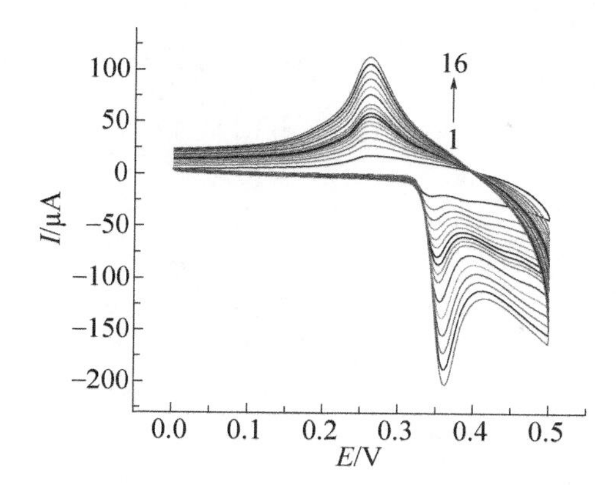

图 3.8 不同扫描速率下的循环伏安图

扫描速率/$V \cdot s^{-1}$（从 1→16）：0.02，0.04，0.06，0.08，0.1，0.12，0.14，0.16，0.18，0.2，0.25，0.3，0.35，0.4，0.45，0.5

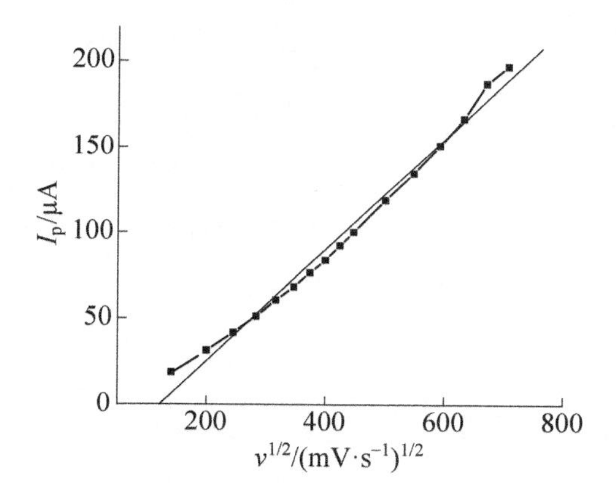

图 3.9 扫描速率与峰电流的关系曲线

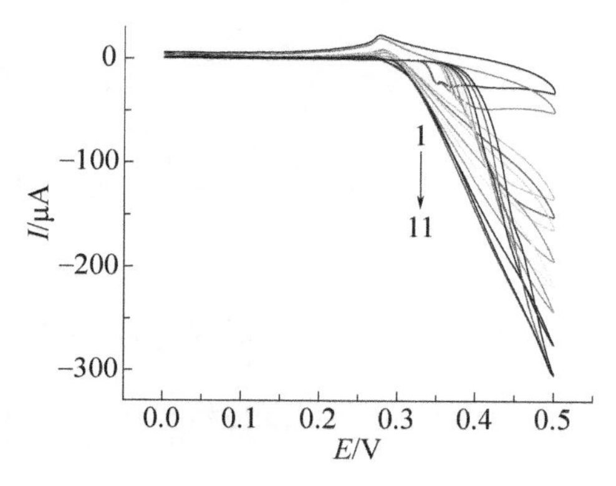

图 3.10 不同浓度甲醛的 CV 曲线

浓度/$mmol \cdot L^{-1}$（从 1→11）：7.2，14.4，21.6，28.8，36，50.4，64.8，84.6，108，129.6，144

（4）线性范围和检出限

选用 LSV 对甲醛含量进行测定。移取不同量的甲醛于 20 mL 0.6 mol·L^{-1} KOH 溶液中，作 LSV 扫描，峰电流如图 3.11 所示。

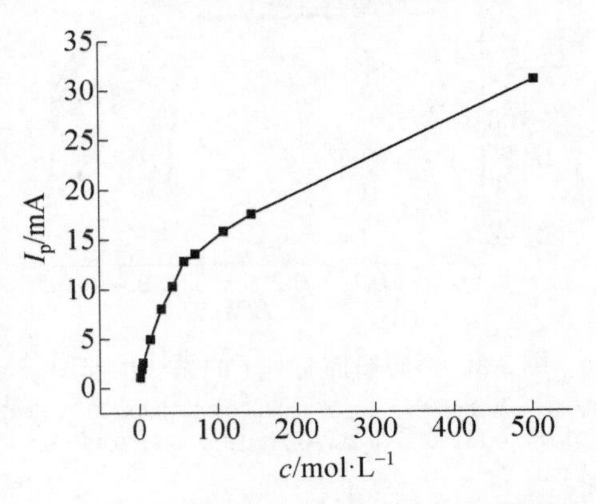

图 3.11 甲醛浓度与峰电流的关系曲线

峰电流与甲醛浓度分别在 1.08×10^{-3}~4.3×10^{-2} mol·L^{-1}［图 3.12（a）］和 5.76×10^{-2}~0.5 mol·L^{-1}［图 3.12（b）］呈线性关系。线性回归方程分别为 $I_p = 1.77\times10^{-4} + 1.82\times10^{-5}c$（$R = 0.9932$）和 $I_p = 11.09 + 0.040c$（$R = 0.9970$），检出限为 1.08×10^{-3} mol·L^{-1}。

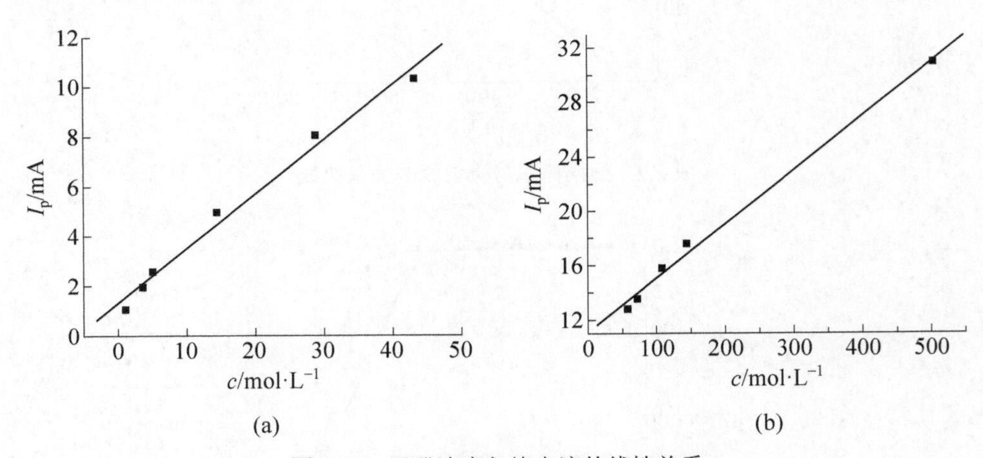

图 3.12 甲醛浓度与峰电流的线性关系

3.1.4 $Ni(OH)_2$–Ni/GO/GCE 对葡萄糖的催化性能研究

（1）不同电极对葡萄糖催化性能的对照

在葡萄糖浓度为 1.0 mmol·L^{-1} 的条件下，分别对 GCE、GO/GCE、$Ni(OH)_2$-

Ni/GCE 和 $Ni(OH)_2$-Ni/GO/GCE 进行循环扫描，结果如图 3.13 所示。

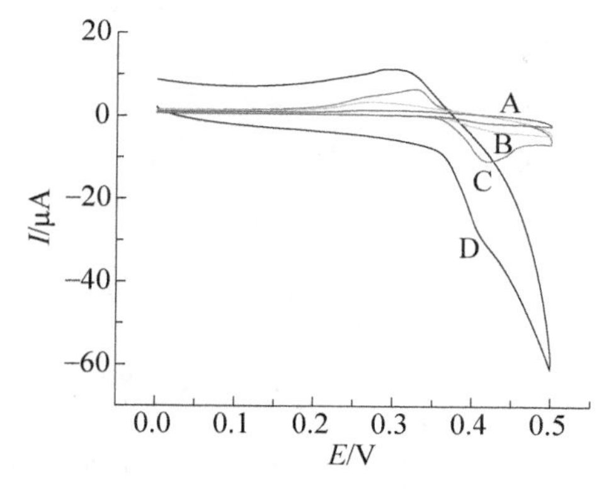

图 3.13 不同电极在 1.0×10^{-3} mol·L^{-1} 葡萄糖溶液中的 CV 曲线

电极：A—GCE；B—$Ni(OH)_2$-Ni/GCE；C—GO/GCE；D—$Ni(OH)_2$-Ni /GO/GCE

由图 3.13 可见，GCE 和 $Ni(OH)_2$-Ni/GCE 对葡萄糖的氧化作用很小，GO/GCE 和 $Ni(OH)_2$-Ni/GO/GCE 均对葡萄糖有明显的电催化氧化作用，但使用 $Ni(OH)_2$-Ni/GO/GCE 产生的氧化峰电流明显更大一些，说明 $Ni(OH)_2$-Ni/GO/GCE 对葡萄糖具有较强的电催化性能。

（2）扫描速率的影响

为了进一步研究催化过程，研究了扫描速率对催化的影响。图 3.14 为不同扫描速率下的 CV 曲线。从图 3.14 可见，随着扫描速率的增加，峰电流逐渐增加。图 3.14 是扫描速率平方根与氧化峰电流的关系曲线。由图 3.15 可

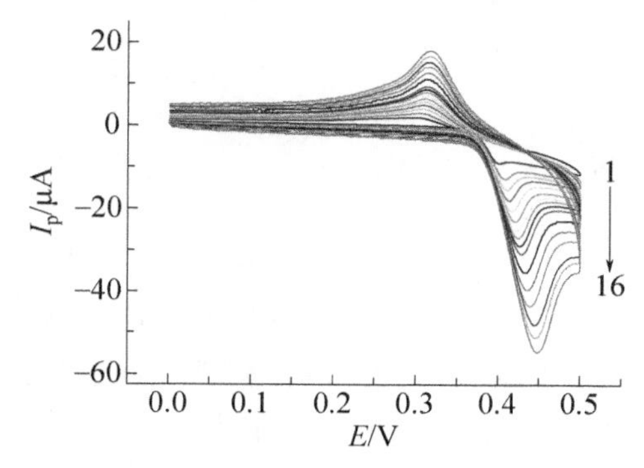

图 3.14 不同扫描速率下的 CV 曲线

扫描速率/V·s^{-1}（从 1→16）：v = 0.02，0.04，0.06，0.08，0.1，0.12，0.14，0.16，0.18，0.2，0.25，0.3，0.35，0.4，0.45，0.5

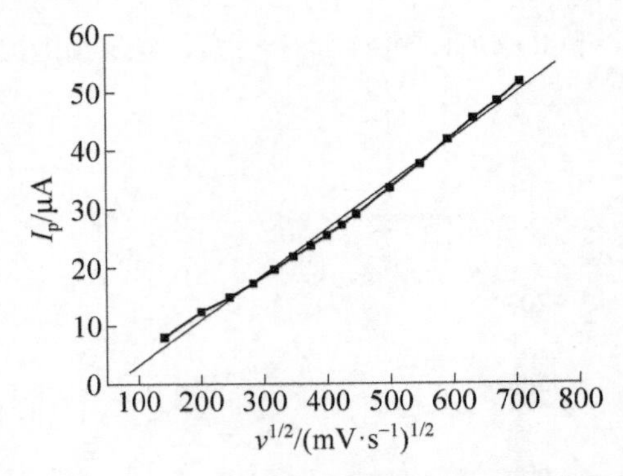

图 3.15　扫描速率与峰电流的关系曲线

知，扫描速率的平方根与峰电流呈线性关系，线性方程为 $I_p = -4.5176+0.0775v^{1/2}$（$R = 0.9974$），因此葡萄糖在电极表面的反应受扩散所控制。

（3）线性范围和检出限

选用 LSV 对葡萄糖含量进行测定。移取不同量的葡萄糖于 20 mL 0.6 $mol·L^{-1}$ KOH 溶液中，作 LSV 扫描，峰电流如图 3.16 所示。

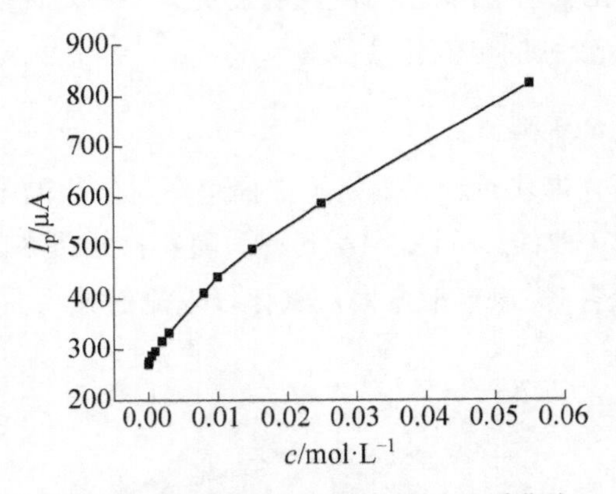

图 3.16　葡萄糖浓度与峰电流的关系曲线

峰电流与葡萄糖浓度分别在 $1.0×10^{-7}$~$3.0×10^{-3}$ $mol·L^{-1}$［图 3.17（a）］和 $3.0×10^{-3}$~$5.5×10^{-2}$ $mol·L^{-1}$［图 3.17（b）］呈线性关系。线性回归方程分别为 $I_p = 2.95624×10^{-5} + 0.00103c$（$R$=0.9934）和 $I_p = 3.57215×10^{-5} + 8.59405×10^{-4}c$（$R$=0.9973），检出限为 $1.0×10^{-7}$ $mol·L^{-1}$。

表 3.1 展示了该传感器与已报道的几种无酶葡萄糖传感器的性能对比。从表 3.1 可见，$Ni(OH)_2$-Ni/GO/GCE 电化学传感器具有较宽的线性范围和较低的检出限性能，这得益于 $Ni(OH)_2$-Ni/GO 对葡萄糖良好的电催化性能。

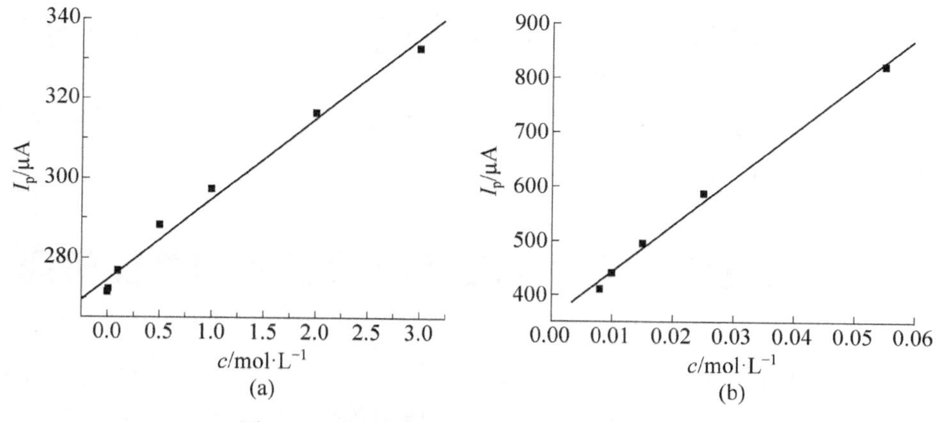

图 3.17　葡萄糖浓度与峰电流的线性关系图

表 3.1　几种无酶葡萄糖传感器性能比较

材料	线性范围	检出限	参考文献
NiO-MWCNTs	2.0×10^{-4}~1.2×10^{-3}	1.6×10^{-4}	[16]
Ni 纳米粉末	5.0×10^{-7}~5.3×10^{-3}	2.0×10^{-7}	[17]
NiO/MWCNTs	1.0×10^{-5}~7.0×10^{-3}	2.0×10^{-6}	[18]
NiO 纳米空心微球	1.5×10^{-3}~7.0×10^{-3}	4.7×10^{-5}	[19]
Au/MN	1.0×10^{-4}~3.0×10^{-3}	5.0×10^{-7}	[20]
CuNi/KTO/ITO	1.0×10^{-7}~5.0×10^{-4}	3.5×10^{-7}	[21]
Ni-Cu/TiO_2/Ti	1.0×10^{-5}~3.2×10^{-3}	5.0×10^{-6}	[22]
$Ni(OH)_2$-Ni/GO/GCE	1.0×10^{-7}~3.0×10^{-3} 3.0×10^{-3}~5.5×10^{-2}	1.0×10^{-7}	本实验结果

3.1.5　小结

① 采用去合金化法在石墨烯修饰电极上制备出了多孔 $Ni(OH)_2$-Ni/GO 纳米复合材料。

② 基于 $Ni(OH)_2$-Ni/GO/GCE 构置了新型传感器，以 KOH 为支持电解质对甲醛进行了电催化性能的研究。$Ni(OH)_2$-Ni/GO/GCE 对甲醛具有良好的催化性能，在 1.08×10^{-3}~4.3×10^{-2} mol·L^{-1} 和 5.76×10^{-2}~0.5 mol·L^{-1} 的浓度范围，催化还原峰电流与过氧化氢浓度呈良好的线性关系，检出限为 1.08×10^{-3} mol·L^{-1}。

③ 基于 $Ni(OH)_2$-Ni/GO/GCE 构置了新型传感器，以 KOH 为支持电解质对葡萄糖进行电催化性能研究。$Ni(OH)_2$-Ni/GO 对葡萄糖具有良好的电催化

性能，测定葡萄糖的线性范围为 1.0×10^{-7}~3.0×10^{-3} $mol\cdot L^{-1}$ 和 3.0×10^{-3}~5.5×10^{-2} $mol\cdot L^{-1}$，检出限为 1×10^{-7} $mol\cdot L^{-1}$。

④ 该传感器良好的电催化性能是由于多孔 $Ni(OH)_2$-Ni 和 GO 具有较大的比表面积和较高的催化活性点。

3.2 Cu-BTC/GO 对亚甲基蓝的吸附性能研究

随着染料工业的飞速发展，许多新型助剂、染料、整理剂获得广泛使用，使印染废水呈现出组分复杂、色度高、难降解等特点，导致处理难度增加，处理技术复杂，对环境造成极大的危害[23]。染料废水的常见处理方法包括絮凝法、吸附法、电化学法、氧化法、生物法以及膜法等[24]，其中吸附法具有简单易操作、低成本、高效率等优点，被认为是处理废水的有效方法。但常见的吸附剂如活性炭、沸石等材料再生困难，使其应用受到了限制[25]。因此，制备出一种新颖、高效的染料吸附剂，具有非常重要的意义。

金属-有机骨架（metal-organic frameworks，MOFs）材料是一类新兴多孔功能材料，具有骨架型规整的孔道结构，大的比表面积和孔隙率以及小的固体密度，在吸附、分离、催化、传感等方面均表现出了优异的性能，已成为新材料领域的研究热点与前沿。Cu-BTC 作为一种常见的 MOFs 材料，引起了研究者极大的关注。Ke 等[26]将 Cu-BTC 巯基化，研究了其对 Hg^{2+}的吸附性能，最高吸附率为 714.29 $mg\cdot g^{-1}$，结果令人满意。Liu 等[27]制备了 In-MOFs，研究了其对各种染料的吸附性能，结果表明其对阳离子染料具有良好的吸附性。为了实现更为高效的富集吸附，需要进一步提高 MOFs 材料的吸附位点和孔隙度。因此，研究者常通过向 MOFs 材料中掺杂其他功能化材料来合成新型 MOFs 基杂化材料。Jiang 等[28]用原位异构共沉淀法合成了 Fe_3O_4/MIL-101 复合材料。该材料具有较大比表面积和较高孔径，并带有较多正电荷，对水溶液中阴离子染料具有较好的吸附性能。Petit 等[29]制备了 MOFs/氧化石墨复合材料，研究了其对 H_2S 的吸附性能，最大吸附容量为 199 $mg\cdot g^{-1}$。Hasan 等[30]使用 MIL-101 和乙二胺改性的 MIL-101 去除萘普生和氯贝酸，结果表明改性后的 MIL-101 具有更快的吸附速率和更高的吸附容量。

氧化石墨烯（GO）片层上有环氧基、羟基和羧基，且有较大的比表面积，因此对重金属离子和有机染料具有良好的吸附性能[31,32]。Cu-BTC 是一种具有较好化学稳定性和热稳定性的 MOF，具有三维孔道结构。Cu-BTC 的应用研究主要集中在小分子气体分离[33]、传感器[34]等方面，在废水处理方面的研究较少。将 Cu-BTC 与 GO 杂化，制备出具有较大比表面积的 Cu-BTC/GO 复合材料，其对阳离子染料亚甲基蓝具有良好的吸附性能，有利于进一步拓宽 MOFs 材料的应用范围。

3.2.1 Cu-BTC/GO 的制备

通过改良的 Hummer 方法制备 GO[35]。分别将 1.82 g $Cu(NO_3)_2 \cdot 3H_2O$ 和 0.875 g BTC 加入 25 mL 甲醇中，将上述两种溶液与 10 $mg \cdot mL^{-1}$ 的 GO 溶液混合，彻底混匀后，将所得溶液在 25℃条件下水浴 2 h，所得产品在 100 mL 甲醇中离心洗涤 3 次，即制得 Cu-BTC/GO。Cu-BTC 的制备和这个方法类似，但不用添加 GO[36]。

3.2.2 Cu-BTC/GO 的表征

（1）Cu-BTC/GO 的扫描电镜（SEM）分析

从图 3.18（a）可以看出 Cu-BTC 呈现八面体结构，EDS 结果表明它由 Cu、C、O 元素组成［图 3.18（b）］。从图 3.19（a）可以看出 Cu-BTC/GO 的形貌与 Cu-BTC 完全不同，其组分仍为 Cu、C、O 元素，但 C 和 O 元素的含量明显升高［图 3.19（b）］。

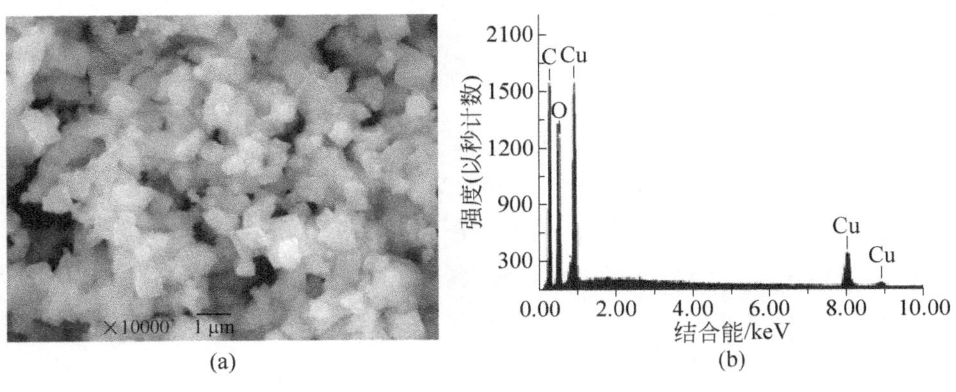

图 3.18　Cu-BTC 的 SEM 图（a）和 EDS 图（b）

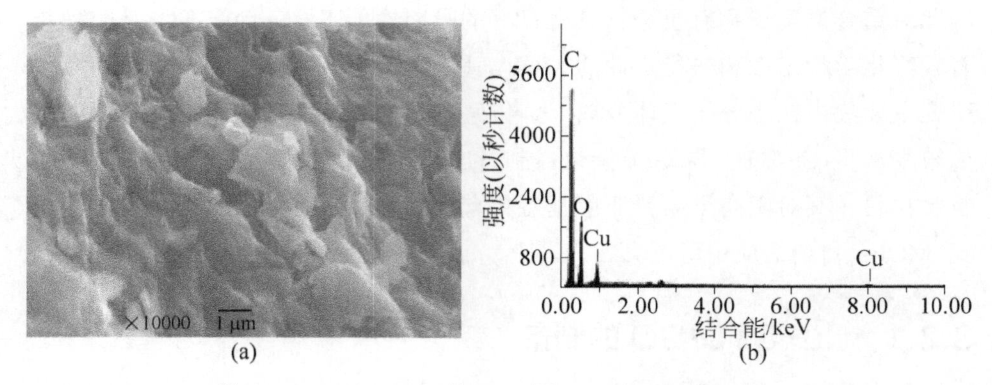

图 3.19 Cu-BTC/GO 的 SEM 图（a）和 EDS 图（b）

（2）Cu-BTC/GO 的透射电镜（TEM）分析

由图 3.20（a）可见，GO 呈片状，有明显的褶皱。从图 3.20（b）中可以看到 Cu-BTC 均匀分布在 GO 表面，表明该 Cu-BTC/GO 复合物已被成功制备。

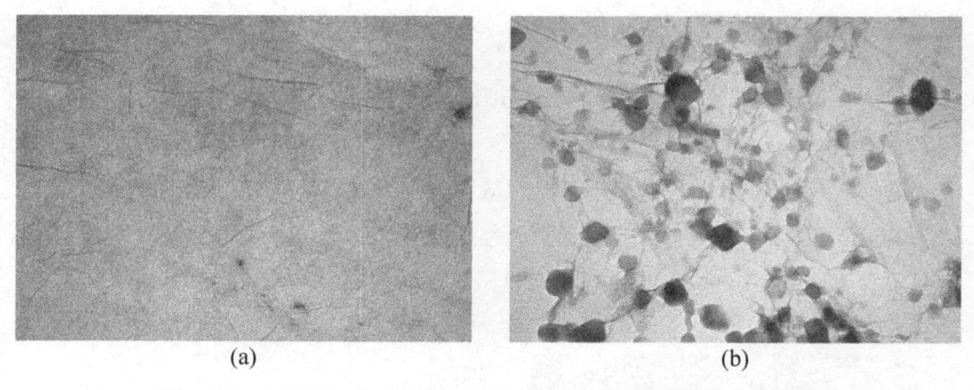

图 3.20 GO（a）和 Cu-BTC/GO（b）的透射电镜（TEM）图

（3）Cu-BTC/GO 的傅里叶红外光谱（FT-IR）分析

图 3.21 是 GO、Cu-BTC 和 Cu-BTC/GO 的 FT-IR 图。可以看出，GO 在 3440 cm^{-1} 处的峰代表羟基 O−H 的伸缩振动峰，1716 cm^{-1} 处的峰代表羧基中 C=O 的伸缩振动，1620 cm^{-1} 处的峰归属于 sp^2 杂化的 C=C 的伸缩振动[37]。Cu-BTC 在 3100~3600 cm^{-1} 之间存在较宽的吸收，表明材料中有水分子的存在，730 cm^{-1} 处的峰是 Cu−O 对称伸缩振动峰[38]。Cu-BTC/GO 在 1710 cm^{-1}、1620 cm^{-1}、730 cm^{-1} 有峰，表明 Cu-BTC 与 GO 已被成功复合。

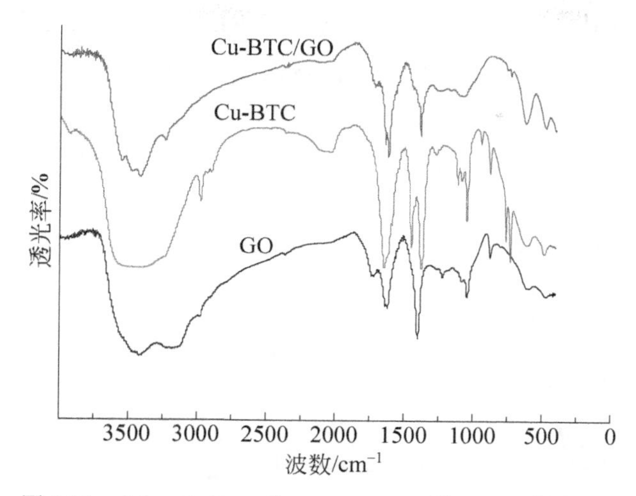

图 3.21 GO、Cu-BTC 和 Cu-BTC/GO 的 FT-IR 谱图对比

（4）Cu-BTC/GO 的热重分析

图 3.22 为 Cu-BTC/GO 的热重分析图。可以看出，Cu-BTC/GO 有两个失重区间，60~200℃的失重是样品洗涤过程中引入的溶剂分子甲醇和水的挥发，质量损失约为 1.98%。温度超过 200℃后，有一个明显的失重峰，说明 Cu-BTC 的有机配体分解[39]，Cu-MOF 结构坍塌，到 221℃左右分解完全，质量损失约为 73.76%，这说明 Cu-BTC/GO 在 200℃以下有良好的热稳定性。

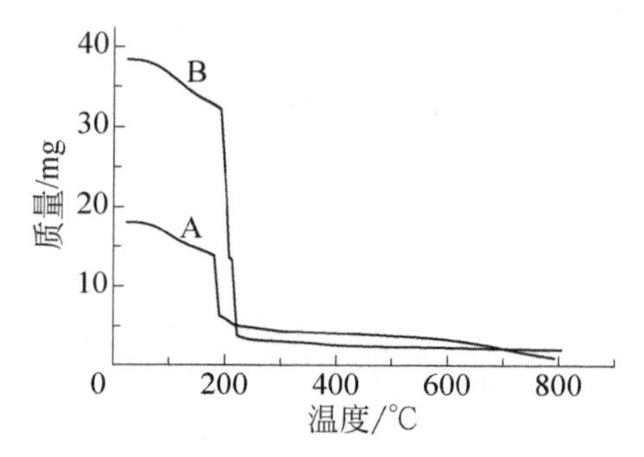

图 3.22 GO（A）和 Cu-BTC/GO（B）的热重分析图

（5）Cu-BTC/GO 的 XRD 分析

从图 3.23 可见，GO 在 $2\theta=11^\circ$ 和 42° 附近出现特征衍射峰[40]。Cu-BTC 的 XRD 图中所有的衍射峰与 Cu-BTC MOFs 的模拟模式匹配良好，表明

Cu-BTC 已被成功合成[34]。Cu-BTC/GO 的 XRD 图中可以明显看到 GO 的特征峰，而 Cu-BTC 的衍射峰强度较低，这是由于复合材料中 GO 的含量较高所致。

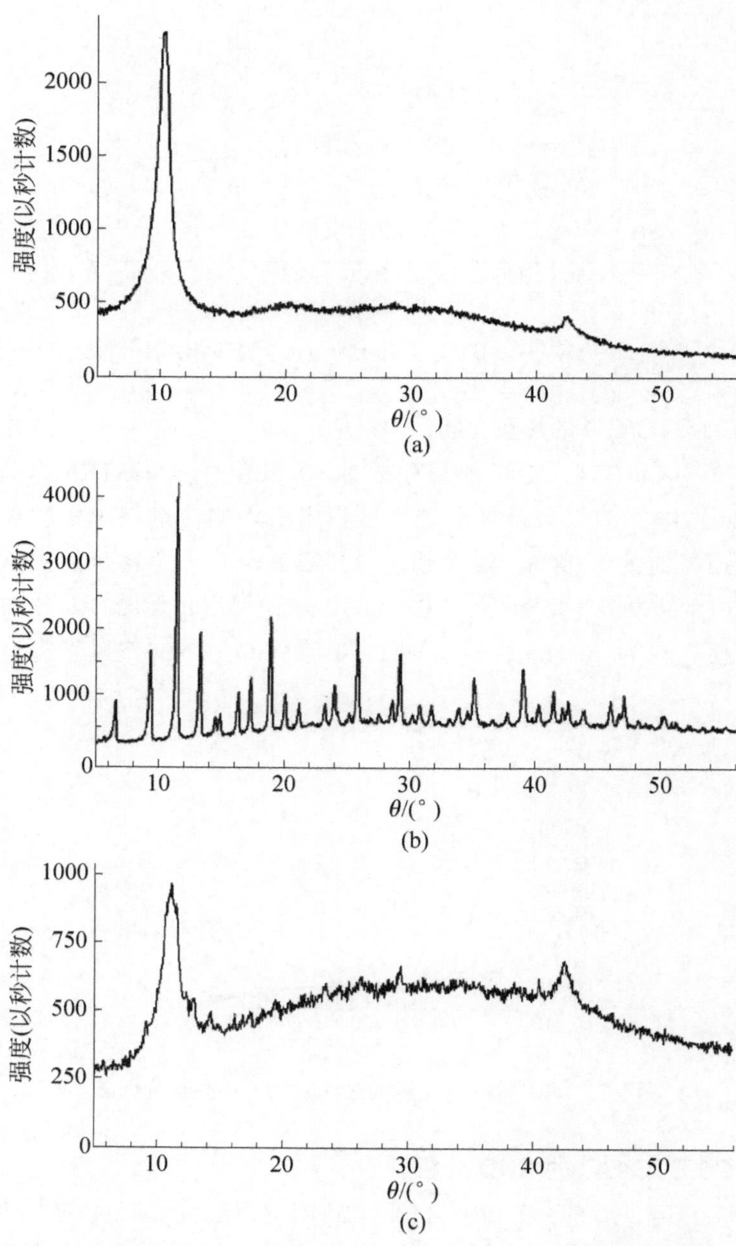

图 3.23　GO（a）、Cu-BTC（b）和 Cu-BTC/GO（c）的 XRD 图

（6）比表面积（BET）分析

表 3.2 展示了 GO 与 Cu-BTC/GO 的比表面积和孔径参数。从表 3.2 中可以看出，Cu-BTC/GO 的比表面积和孔体积及孔径相比于 GO 均都有所增加，这可能是因为 GO 的添加，导致整体的比表面积增大，这样便于晶体在其上生长，同时 GO 片层与晶体之间形成新的微孔，因此总孔体积会增加。

表 3.2　GO 与 Cu-BTC/GO 的 BET 分析结果

材料名称	介孔孔径/nm	比表面积/$m^2 \cdot g^{-1}$	孔体积/$cm^3 \cdot g^{-1}$
GO	7.086	51.28	0.3533
Cu-BTC/GO	10.80	192.18	0.3838

3.2.3　Cu-BTC/GO 对亚甲基蓝吸附性能研究

采用静态吸附实验来评价 Cu-BTC/GO 的吸附性能。配置不同浓度的 100 mL 亚甲基蓝溶液，在 665 nm 处测定各溶液的吸光度，得到吸光度与浓度的线性方程为 A=0.02771+0.16926c（R=0.9980）。将 Cu-BTC/GO 与亚甲基蓝溶液混合均匀，每隔一段时间，取上清液过滤，测定亚甲基蓝的浓度。亚甲基蓝的脱色率 R 按照式（3.1）计算。

$$R = \frac{c_0 - c_t}{c_0} \times 100\% \tag{3.1}$$

式中，c_0 是亚甲基蓝的初始浓度；c_t 是亚甲基蓝在 t 时刻的浓度。

（1）不同材料的吸附性能对比

从图 3.24 可见，相对于 GO 和 Cu-BTC 而言，125 $mg \cdot L^{-1}$ Cu-BTC/GO 对亚甲基蓝具有良好的吸附性能，3 h 后亚甲基蓝的脱色率可达 99.69%。另外，Cu-BTC/GO 对亚甲基蓝的吸附速率较快，吸附时间为 10 min 后亚甲基蓝脱色率已达 78.6%。由此可知，Cu-BTC/GO 可以有效地吸附水溶液中的亚甲基蓝。这主要归因于 Cu-BTC/GO 较大的比表面积和较高的微孔体积。

（2）温度对 Cu-BTC/GO 吸附性能研究

不同温度下，125 $mg \cdot L^{-1}$ Cu-BTC/GO 在 pH=7 的条件下对 10 $mg \cdot L^{-1}$ 亚甲基蓝的吸附性能如图 3.25 所示。可见，随着温度上升，亚甲基蓝的脱色率先增后降，温度为30℃时吸附量达到最大值，这表明在一定温度范围内升高温度有利于吸附。但在吸附过程中随着温度的进一步升高，分子热运动越剧烈，解吸附现象严重，导致吸附剂吸附能力下降。

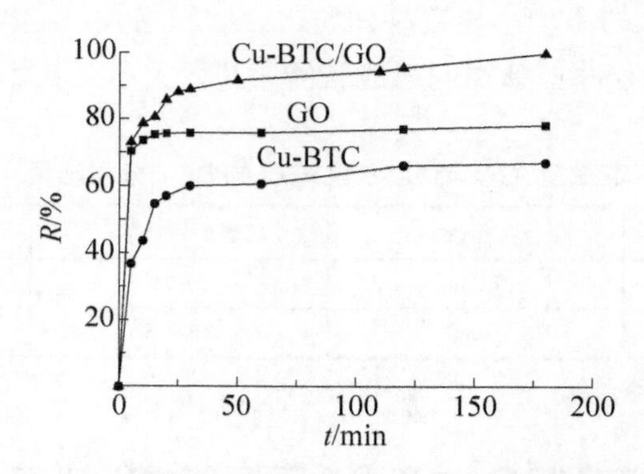

图 3.24 GO、Cu-BTC 和 Cu-BTC/GO 对亚甲基蓝的吸附性能对比

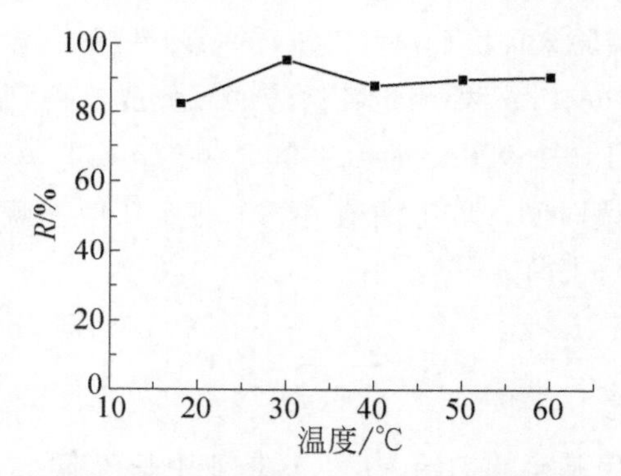

图 3.25 温度对 Cu-BTC/GO 脱色率的影响

（3）pH 值对 Cu-BTC/GO 吸附性能影响

pH 值对 Cu-BTC/GO 脱色率的影响如图 3.26 所示。由图 3.26 可知，在 pH=7 时，125 $mg \cdot L^{-1}$ Cu-BTC/GO 对亚甲基蓝具有较好的吸附性能。亚甲基蓝以 MB^+Cl^-表示，它能与 Cu-BTC/GO 复合材料中的羧基发生以下交换作用：

$$RCOOH + MB^+Cl^- \longrightarrow RCOOMB + H^+ + Cl^- \quad (3.2)$$

因此，随着体系 pH 值升高，Cu-BTC/GO 和亚甲基蓝分子之间的吸附作用逐渐增强。但较高 pH 值对吸附会产生负影响，这是因为大量存在的 OH^- 可能与亚甲基蓝产生竞争吸附，导致 Cu-BTC/GO 的吸附作用降低。

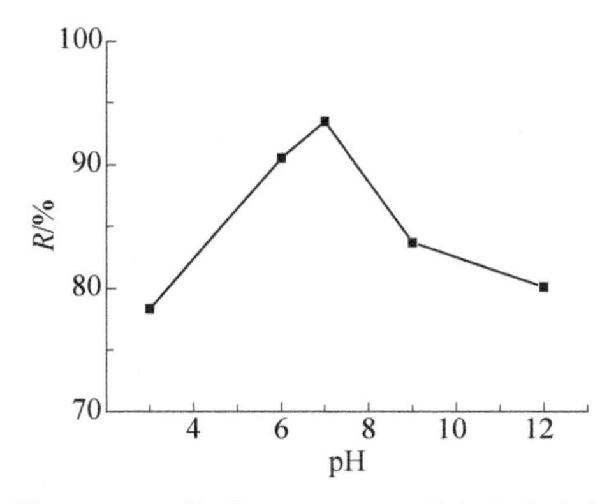

图 3.26　pH 值对 Cu-BTC/GO 脱色率的影响

（4）Cu-BTC/GO 吸附动力学研究

在 30℃，pH=7 的条件下 125 mg/L Cu-BTC/GO 对不同浓度亚甲基蓝的吸附量的影响如图 3.27 所示。可以看出，随着亚甲基蓝初始浓度的增加，Cu-BTC/GO 对亚甲基蓝的脱色率明显下降，但吸附量逐渐增加。

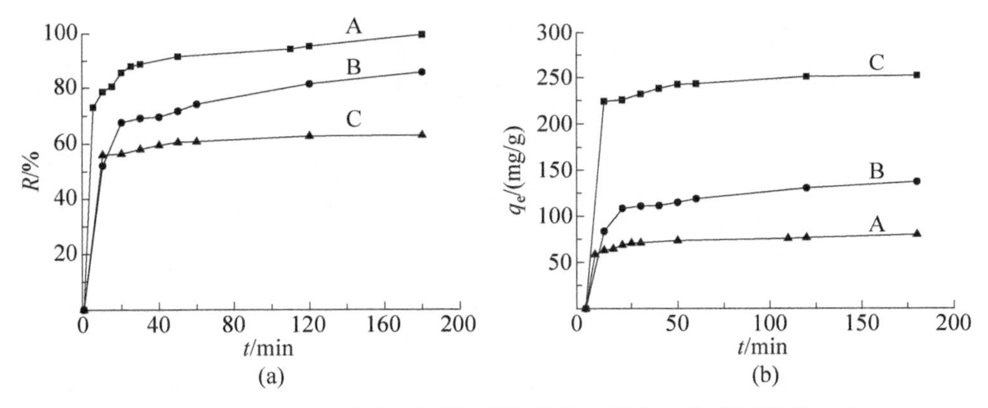

图 3.27　Cu-BTC/GO 对不同浓度亚甲基蓝的脱色率（a）和吸附量（b）

浓度：A—10mg/L；B—20mg/L；C—50mg/L

为了能全面地研究 Cu-BTC/GO 对亚甲基蓝的吸附动力学特性，选用准二级动力学模型来对图 3.27（b）中的数据进行拟合。准二级动力学模型的动力学速率定律可以用式（3.3）表示。所得拟合结果如图 3.28 所示。从图 3.28 可见，Cu-BTC/GO 对亚甲基蓝的吸附动力学过程符合准二级动力学模型，计算出的吸附参数如表 3.3 所示。

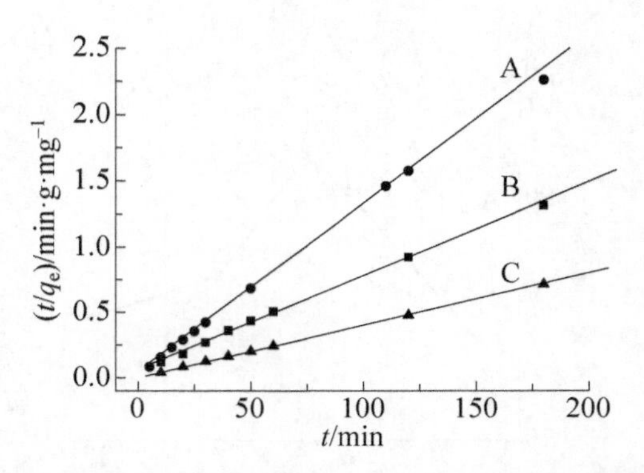

图 3.28 不同浓度亚甲基蓝的准二级动力学吸附模型

浓度：A—10 mg/L；B—20 mg/L；C—50 mg/L

$$\frac{t}{q_t}=\frac{1}{kq_e^{\ 2}}+\frac{t}{q_e} \tag{3.3}$$

式中，k 为吸附速率常数，g/(mg·min)；q_t 为在任意时间 t 下吸附剂表面溶质吸附物的量，mg/g；q_e 为平衡吸附量，mg/g。

从表 3.3 可见，不同亚甲基蓝的准二级吸附动力学模型的相关系数均大于 0.999，实验结果与所计算的平衡吸附量 q_e 相匹配。因此，Cu-BTC/GO 对亚甲基蓝吸附过程符合准二级吸附动力学模型，吸附速率是吸附过程的控制步骤。

表 3.3 不同浓度亚甲基蓝的准二级吸附动力学模型参数

c_0/(mg/L)	q_{cal}/(mg/g)	q_e/(mg/g)	k/(g/mg·min)	R
10	79.9	79.8	0.01251	0.9996
20	142.3	137.1	0.00702	0.9991
50	255.4	252.0	0.00391	1

（5）吸附等温式

用 Langmuir（式 3.4）和 Freundlich（式 3.5）吸附等温式研究亚甲基蓝的等温吸附行为，用各模型线性化后所得方程的相关系数 R^2 检验拟合结果，所得实验结果如表 3.4 所示。从表 3.4 中也可以看出，由 Freundlich 吸附等温式计算出的 $1/n$ 小于 1，说明 Cu-BTC/GO 的吸附性能良好；Langmuir 等温吸附方程较 Freundlich 等温吸附方程拟合所得直线相关性好，吸附数据符合 Langmuir 等温方程，说明 Cu-BTC/GO 对亚甲基蓝的吸附可能是发生在表面的单分子层吸附。

$$\frac{c_e}{Q_e} = \frac{1}{Q_m K_L} + \frac{c_e}{Q_m} \tag{3.4}$$

$$\ln Q_e = \ln K_F + (1/n) \ln c_e \tag{3.5}$$

表 3.4　Langmuir 和 Freundlich 等温吸附参数

等温模型	Langmuir 等温吸附			Freundlich 等温吸附		
线性方程	$c_e/Q_e = 0.1026 + 0.00208c_e$			$\ln Q_e = 2.8383 + 0.6902\ln c_e$		
常数	Q_m/(mg/g)	K_L/(L/g)	R^2	K_F/(mg/g)	n	R^2
	480.77	0.0203	0.9972	17.0867	1.4489	0.9804

（6）吸附剂再生实验

为了测试 Cu-BTC/GO 复合材料的再生能力，进行了四次吸附-解吸附实验。用乙醇作为洗脱液，每次吸附平衡之后，用离心机分离吸附剂，随后用洗脱液清洗吸附剂 20 h，实验结果如图 3.29 所示。可以看出，四次吸附-解吸附循环后，Cu-BTC/GO 对亚甲基蓝的脱色率下降了大约 15%，表明 Cu-BTC/GO 具有优良的再生性能，能够重复使用。

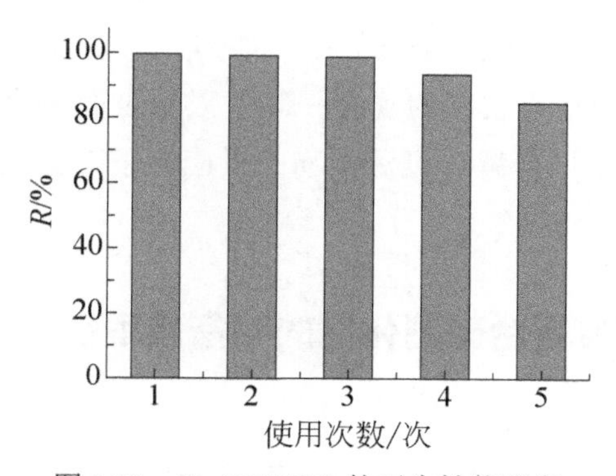

图 3.29　Cu-BTC/GO 的再生性能研究

3.2.4　小结

① 在 pH=7、30℃的条件下，125 mg/L Cu-BTC/GO 对 10 mg/L 亚甲基蓝有优异的吸附能力；

② Cu-BTC/GO 复合材料对亚甲基蓝的吸附数据符合准二级动力学模型，吸附等温线符合 Langmuir 模型；

③ Cu-BTC/GO 复合材料制备简单，对阳离子染料亚甲基蓝具有良好的吸附效果，拓宽了 MOFs 材料的应用范围。

3.3 石墨烯/二氧化钛复合材料的制备及催化性能研究

聚丙烯酰胺（PAM）是丙烯酰胺单体在引发剂的作用下均聚或共聚所得聚合物的统称，可用作助凝剂、污泥脱水剂以及凝聚沉降剂等。虽然 PAM 本身无害，但其在自然条件下难以降解，存留时间长，且环境中自然降解后的产物丙烯酰胺（AAM）有剧毒，对人体健康和环境都带来了危害。另外，使用聚丙烯酰胺产生的污水由于聚合物含量增加，使得水相黏度和水相含油量增加，提高了水-油分离的难度。如何快速有效地降解油气田污水中残余的 PAM，已成为有待解决的课题。本文通过实验合成纳米 GO/TiO_2 复合材料，利用两者的协同作用，研究其在紫外光下对 PAM 的降解性能，为高效处理油气田污水和污泥中的 PAM 提供依据。

GO/TiO_2 复合材料具备优越的催化能力得益于[41]：①复合材料更大的比表面积，提高了材料对有机污染物的吸附能力；②复合材料界面异质结的形成，改善了光生电子与空穴间的复合；③石墨烯表面吸收光子后，将电子注入 TiO_2 导带，形成用以降解有机污染物的反应激子，进而提高了对更长波长光子的利用率。

3.3.1 GR/TiO_2复合光催化剂的制备及表征

（1）TiO_2 的制备

取 2 mL 钛酸四正丁酯溶于 25 mL 异丙醇中，混合均匀后，搅拌条件下向混合液中缓慢滴加蒸馏水，把制得的白色凝胶于 60℃下烘干，然后放入马弗炉中，在 450℃下煅烧 2.5 h，自然冷却后，加水浸洗，于 60℃下烘干 24 h，去离子水浸洗后再烘干，即得到纳米二氧化钛。

（2）GO/TiO_2 复合物的制备

将 2 mL 钛酸四正丁酯溶于 25 mL 异丙醇中，边搅拌边滴加氧化石墨烯，所得凝胶在 450℃下煅烧 2.5 h 后，转移至三口烧瓶中，加入 10 mL 水，均匀搅拌，加入适量硼氢化钠，在100℃下冷凝回流并持续搅拌8 h，然后在60℃下烘干，即得到GO/TiO_2复合物。

（3）GO/TiO_2的SEM表征

由图3.30 GO/TiO_2的SEM和EDS图可见，石墨烯表面存在许多二氧化钛的细小的颗粒，证明了TiO_2粒子成功地负载在GO上。GO/TiO_2复合材料呈疏松多孔状，这种结构在实际的光催化降解反应中可起到协同吸附作用，加速光催化降解PAM的进程，提高光催化降解的效率。

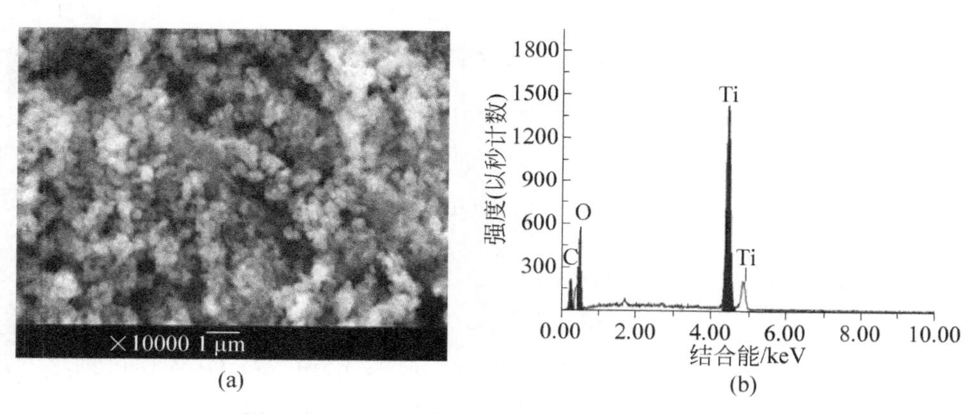

图3.30 GO/TiO_2的SEM（a）和EDS（b）图

（4）GO/TiO_2的XRD表征

由图3.31 GO/TiO_2的XRD图可知，在2θ=25.38°、38.03°、48.03°、54.39°

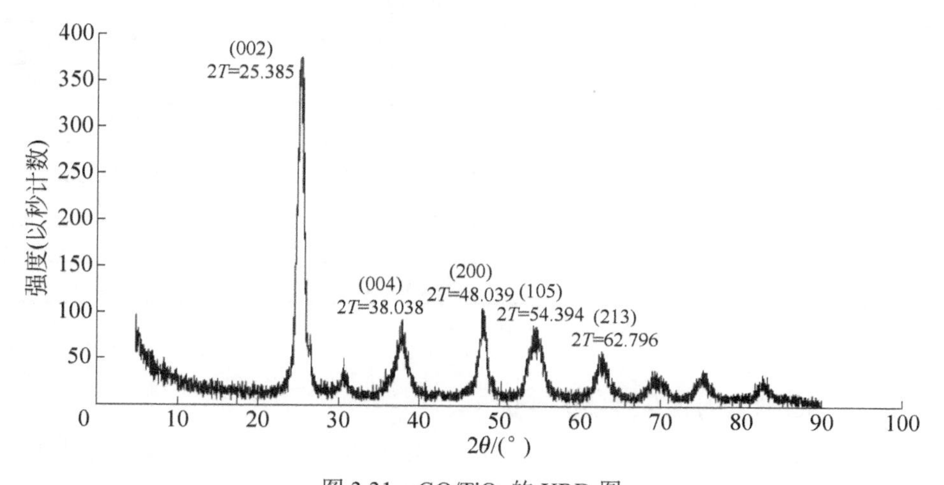

图3.31 GO/TiO_2的XRD图

和 75.34° 处有明显的特征峰，与 TiO_2 的 XRD 特征峰相对比，发现复合材料中的二氧化钛均为锐钛矿型的特征峰，而无其他晶型的二氧化钛。此外，衍射峰中未观察到较为明显的石墨烯的出峰，可能因为其表面致密的锐钛矿型二氧化钛使其衍射峰有所降低。

3.3.2 光催化性能研究

（1）降黏率的计算

称取一定量的光催化剂于 200 mL 1 $g \cdot L^{-1}$ PAM 的烧杯中，用磁力搅拌器匀速搅拌，并置于自制的紫外光反应器中，分别用数字显示黏度计测定紫外光照射 0 min 和 30 min 的黏度，按照式 3.6 计算降黏率。

$$\eta = (\eta_0 - \eta_t)/\eta_0 \times 100\% \tag{3.6}$$

式中，η_0 为初始黏度；η_t 为 t 时刻的黏度；η 为降黏率。

（2）光照和加入催化剂的影响

将 10 mg GO/TiO_2 加入 200 mL 1$g \cdot L^{-1}$ 的 PAM 溶液中，反应 30 min 后，计算降黏率，所得实验结果如表 3.5 所示。由表 3.5 可见，PAM 在可见光下很难降解；无催化剂的条件下，PAM 在紫外光下的降黏率为 37.39%，发生较弱的降解过程；加催化剂后，PAM 在紫外光下降黏率增至 96.01%，说明 GO/TiO_2 在紫外光照下对 PAM 的降解具有较强的催化活性。

表 3.5 光照和加入催化剂与降黏率的关系

紫外光照	可见光光照	加催化剂	降黏率/%
√	×	√	96.01
×	√	√	29.12
×	√	×	0.24
√	×	×	37.39
×	×	√	0.15
×	×	×	0

注：√表示反应中有该条件；×表示反应中没有该条件。

（3）GO 含量对催化性能的评价

取 10 mg 不同 GO 质量含量的 GO/TiO_2 于 200 mL 1 $g \cdot L^{-1}$ PAM 溶液中，计算其对 PAM 的降黏率，所得实验结果如图 3.32 所示。

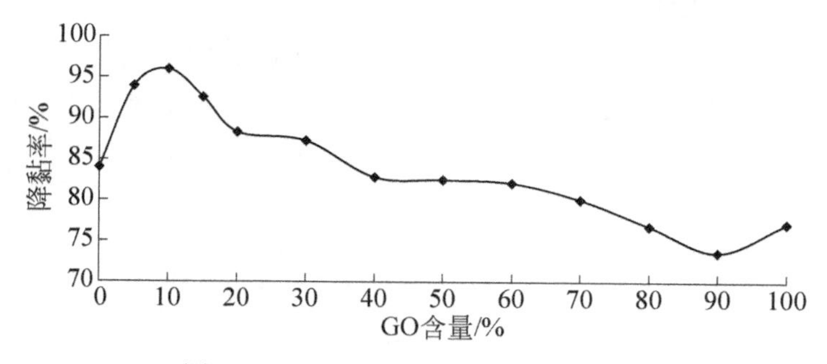

图 3.32　不同 GO 含量与降黏率的关系

由图 3.32 可知，GO 含量在 10%之前降黏率逐渐增加，在 10% 时降黏率增至 96.01%，TiO_2 与 GO 表现出了良好的协同性能。10%之后降黏率开始下降。这表明 GO 含量过低不利于载取光流子，GO 含量过高则减少了主反应物 TiO_2 的反应表面积，而且含量过高使溶液透光度降低从而减少了下层催化剂接触光的表面积，不利于把 GO 截获的光子转化给 TiO_2 反应中心。因而本实验选取 GO/TiO_2 中 GO 的最佳质量分数为 10%。

（4）煅烧温度对催化性能的评价

准确称取 10 mg 不同的温度下煅烧的 GO/TiO_2 于 200 mL 1 $g \cdot L^{-1}$ PAM 溶液中，计算其对 PAM 的降黏率，所得实验结果如图 3.33 所示。

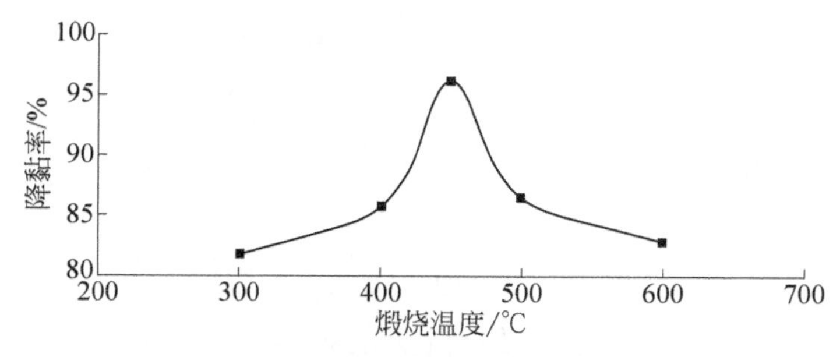

图 3.33　煅烧温度与降黏率的关系

可以看出，当温度升到 450℃时降黏率达到 96.24%；当温度大于 450℃时，降黏率随着煅烧温度升高而降低。显然，在 450℃煅烧下的复合材料有最高催化活性。这可能是因为当温度大于 450℃时，部分石墨烯也开始灰化的缘故。

（5）煅烧时间对催化性能的评价

称取 10 mg 在不同煅烧时间所制备的 GO/TiO_2，将其加入 200 mL 1 $g·L^{-1}$ PAM 溶液中，计算其对 PAM 的降黏率，所得实验结果如图 3.34 所示。由图 3.34 可见，当煅烧时间为 150 min 时，GO/TiO_2 催化剂活性最高，降黏率为 96.58%。

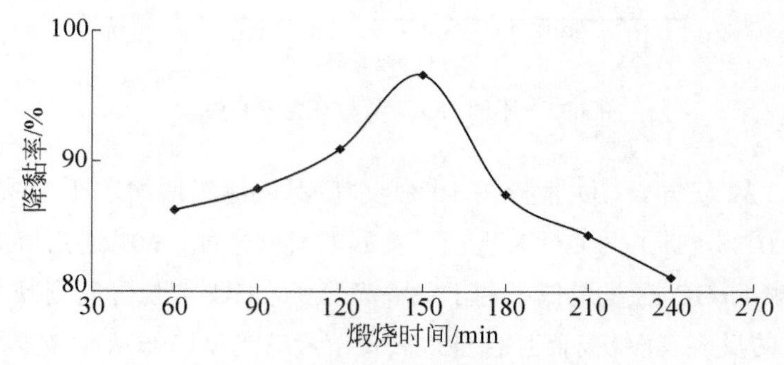

图 3.34　煅烧时间与降黏率的关系

（6）反应时间对催化性能的评价

称取 10 mg GO/TiO_2，将其加入 200 mL 1 $g·L^{-1}$ PAM 溶液中，计算其在不同反应时间下的降黏率，所得实验结果如图 3.35 所示。

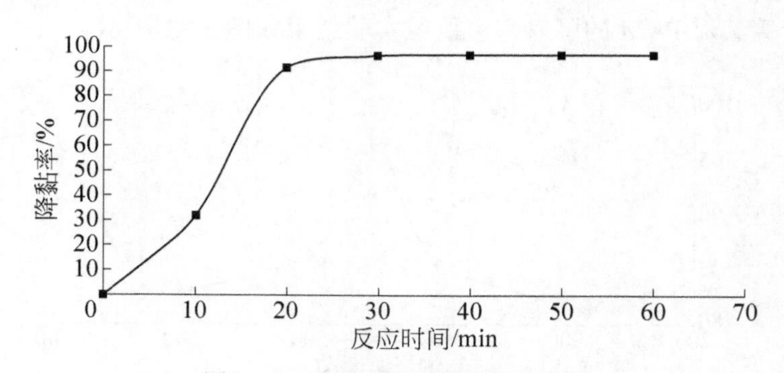

图 3.35　反应时间与降黏率的关系

由图 3.35 可知，随着时间的增加，PAM 降黏越充分，复合材料的催化降黏效果越好。30 min 后降黏速率增加缓慢。因此，选择反应 30 min 作为该催化剂最佳反应时间。

（7）溶液 pH 对催化性能的评价

取 10 mg GO/TiO_2 于不同 pH 值的 200 mL 1 $g·L^{-1}$ PAM 溶液中，反应

30 min 后，测定降黏率，所得实验结果如图 3.36 所示。

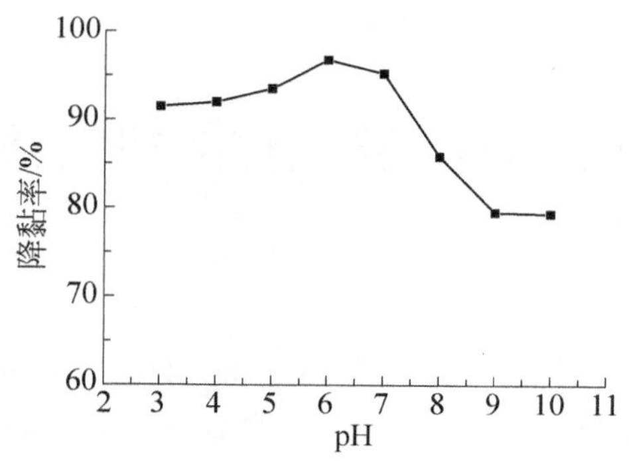

图 3.36　pH 与降黏率的关系

由图 3.36 可知，当 pH<7 时，降黏率变化不大；当 pH>7 时，降黏率快速下降。这是由于溶液 pH 值较低时，TiO_2 表面质子化，带正电荷，有利于光生电子向表面迁移；当溶液 pH 值较高时，由于 OH^-的存在，TiO_2 表面带负电荷，有利于光生空穴向表面迁移[42,43]。由图 3.36 可见，在 pH=6 时光催化降黏率达到 96.8%。考虑到实际应用，选用该催化剂进行光催化适宜的 pH 范围为 6~7。

3.3.3　光催化降黏机理

由文献[44,45]可知 GO/TiO_2 光催化降黏机理如下：

$$\text{+}CH_2\text{—}CH_2\text{+}_n CONH_2 \longrightarrow \text{+}CH_2\text{—}CH_2\text{+}_{n-m} CONH_2$$

$$\longrightarrow CH_2\text{=}CH\text{—}CONH_2 + CH_2\text{=}CH\text{—}COOH$$

$$\longrightarrow CO_2 + H_2O + N_2 + NO_3^-$$

3.3.4　小结

① 以石墨粉和钛酸丁酯为原料，实验制得的 GO/TiO_2 复合材料是纳米级尺度，其结构是以 GO 为基底负载 TiO_2 原子，所负载的 TiO_2 是锐钛型的晶体。

② 在制备复合材料时，复合材料中 GO 质量分数为 10%，且制备过程中于 450℃下煅烧 150 min，GO/TiO_2 复合材料对 PAM 具有良好的催化降黏作用。

③ 在常温并有紫外光照射的条件下，催化降解 1 $g \cdot L^{-1}$ PAM 适合的反应时间为 30 min；适宜的 pH 范围为 6~7。

3.4 Ag/CuS/rGO 复合材料的制备及其电催化性能研究

Ag 纳米粒子具有较高的稳定性、选择性以及优良的电催化性能，但是单纯的用银直接做电极材料，会出现可用于传递电子的表面积小并且制作成本高的缺陷。CuS 作为一种典型的 P 型半导体材料，是非常有应用前景的电极材料[46]。

采用溶剂热法制备的 $Cu_3(BTC)_2$ 为前驱体，再通过固-固转化和浸渍法能绿色、简单易控地制备出具有大的比表面积和良好导电性的 Ag/CuS/rGO 复合材料。利用该复合材料中三者之间良好的协同电催化性能，所构置的新型亚硝酸根离子（NO_2^-）电化学传感器具有良好的选择性和灵敏度，进一步拓展了 MOFs 基复合材料在电化学分析领域的应用。

3.4.1 rGO 基复合材料的制备

（1）$Cu_3(BTC)_2$/rGO 的制备

称取 0.1 g 采用 Hummer 法[47]合成的 rGO，溶于 30 mL 蒸馏水中，超声分散 1 h 得到 rGO 的稳定分散液，再向其中加入 2.2 g $Cu_3(BTC)_2 \cdot 3H_2O$，超声使其完全溶解；然后将其倒入 15 mL 含有 0.5 g H_3BTC 的无水乙醇中，搅拌 30 min，将得到的均匀混合液转移到 100 mL 的聚四氟乙烯内衬不锈钢高压反应釜中，在 110℃条件下使其反应 24 h。待反应釜自然冷却到室温，抽滤，洗涤，将抽滤得到的固体在 60℃下真空干燥 24 h，即可制得 $Cu_3(BTC)_2$/rGO 复合材料。

（2）CuS/rGO 复合材料的制备

在 40 mL 无水乙醇中加入 0.6 g 称取好的硫代乙酰胺，超声分散均匀，再向其中加入 0.4 g $Cu_3(BTC)_2$/rGO 复合材料，在 80℃条件下水浴反应 2 h，离心，洗涤，在 60℃下真空干燥，便可制得 CuS/rGO 复合材料。

（3）Ag/CuS/rGO 复合材料的制备

称取上述（2）制备的 CuS/rGO 复合材料 0.125 g，溶解于 25 mL 蒸馏水中，超声 2 h，得到 CuS/rGO 稳定分散液。再向其中加入 0.245 g 硝酸银，搅拌反应 1 h，过滤，洗涤，将过滤产物在 60℃条件下真空干燥，即得 Ag/CuS/rGO 复合材料。

3.4.2 Ag/CuS/rGO 复合材料的表征

（1）Ag/CuS/rGO 复合材料的 SEM 和 TEM 表征

电镜是观察材料形貌最有效的实验方法，因此通过 SEM 和 TEM 对所制备复合材料的微观形貌进行观察。从图 3.37 可以明显看到，从 $Cu_3(BTC)_2$/rGO 复合材料到 CuS/rGO 复合材料直至最后的 Ag/CuS/rGO 复合材料，在转化过程中材料形貌的变化。从图 3.37（a）可以清晰地看到 $Cu_3(BTC)_2$ 表面光滑的八面体形貌和 rGO 的褶皱，同时可以看到 $Cu_3(BTC)_2$ 均匀地负载在 rGO 的表面。图 3.37（b）显示的是纳米花状形貌的 CuS/rGO 复合材料，有轻微的团聚，但当在 CuS/rGO 上负载上 Ag 之后，Ag/CuS 纳米球均匀地分散在 rGO 的表面，有效地增大了复合材料的比表面积［图 3.37（c）］。

图 3.37 $Cu_3(BTC)_2$/rGO（a）、CuS/rGO（b）和 Ag/CuS/rGO（c）的 SEM 图

（2）Ag/CuS/rGO 复合材料的 EDS 分析

图 3.38 是 Ag/CuS/rGO 复合材料的 EDS 分析。从图中可以看到 Ag-CuS/rGO 复合材料含有 C、O、Cu、S 和 Ag 元素，再结合上边的分析，可以确定我们合成出了 Ag/CuS/rGO 复合材料。为了进一步探究 Ag/CuS/rGO 复合材料的组成，对复合材料进行了 mapping 分析，分析结果见图 3.39，从 mapping 分析图可以看到该复合材料存在 C、O、Cu、S、Ag 这五种元素，并且分析结果与表 3.6 中 Ag/CuS/rGO 复合材料各元素含量显示的结果基本一致。

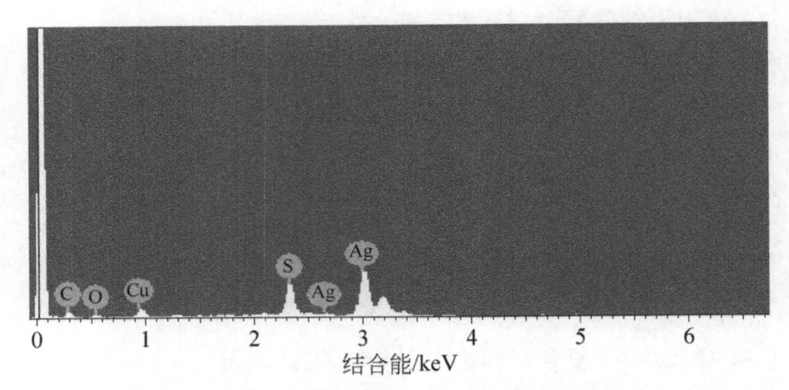

图 3.38 Ag/CuS/rGO 复合材料的 EDS 图

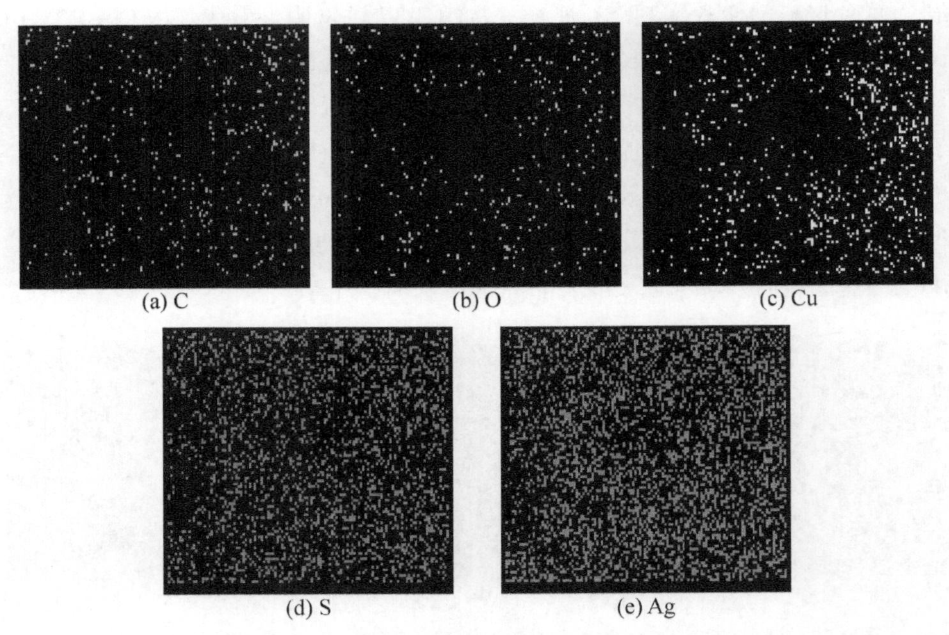

图 3.39 Ag/CuS/rGO 复合材料的 mapping 分析图

表 3.6 Ag/CuS/rGO 复合材料中各元素含量

元素	质量百分比/%	原子百分比/%
C	4.24	20.41
O	2.87	10.39
Cu	7.48	6.81
S	13.09	23.62
Ag	72.32	38.78
总量	100.00	

3.4.3 亚硝酸根离子电化学传感器 Ag/CuS/rGO/GCE

（1）亚硝酸根离子电化学传感器 $Cu_3(BTC)_2$/rGO/GCE 的构置

首先将 GCE 依次用 1.0 μm、0.3 μm 和 0.05 μm 不同粒径的 α-Al_2O_3 在鹿皮上进行打磨，然后依次放入装有超纯水和乙醇的烧杯中进行超声冲洗，之后再用超纯水洗涤数次，在高纯度 N_2 气体下晾干备用。将 3 mg Ag/CuS/rGO 复合材料加入 1 mL 乙醇中，超声分散后，移取 5 μL 于 GCE 表面，自然晾干后，将 5 μL 0.05%的 Nafion 滴加到其表面，自然晾干，即得 NO_2^- 离子电化学传感器 Ag/CuS/rGO/GCE。用类似的方法分别制得 $Cu_3(BTC)_2$/rGO/GCE 和 CuS/rGO/GCE。

（2）亚硝酸根离子的电化学检测

在室温下，取适量 NO_2^- 离子溶解在 20 mL 0.1 mol·L^{-1} PBS 缓冲液中，通氮除氧后，利用循环伏安法和线性扫描伏安法进行电化学检测，实验机理如图 3.40 所示。

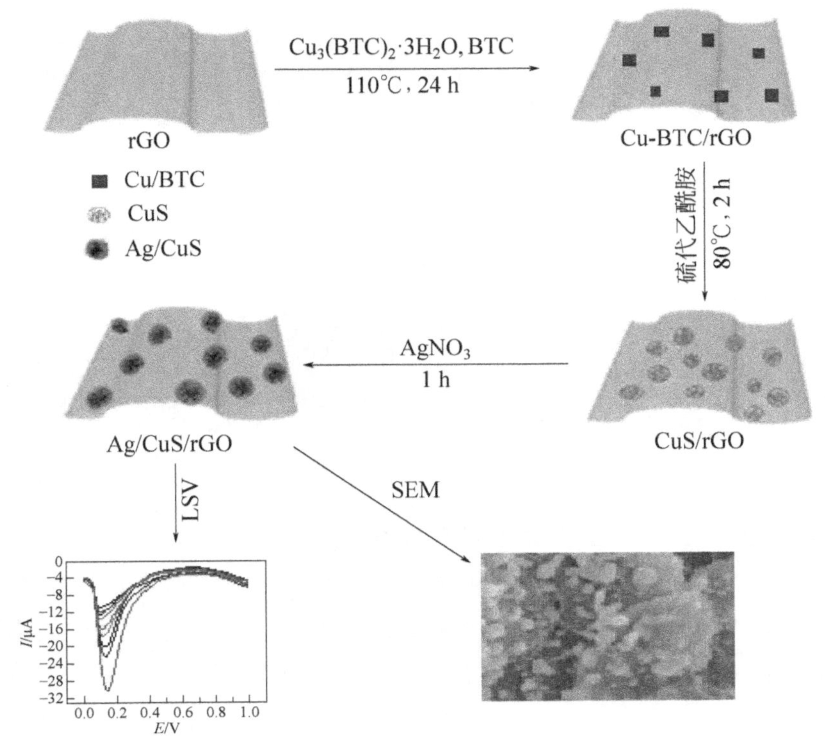

图 3.40　Ag/CuS/rGO/GCE 的制备和对 NO_2^- 离子的电化学检测示意图

（3）亚硝酸根离子在不同修饰电极上的电化学行为

图 3.41 分别为 GCE、$Cu_3(BTC)_2$/rGO/GCE、CuS/rGO/GCE、Ag/CuS/rGO/GCE 修饰电极在含有 0.1 mmol·L^{-1} NO_2^-的 0.1 mol·L^{-1} PBS 缓冲液中的 CV 曲线及 Ag/CuS/rGO/GCE 在空白 PBS 缓冲液中的 CV 曲线。由图可知，NO_2^-在 GCE 上出现氧化峰的响应信号，这与前边论述的 NO_2^-在 GCE 上出现响应信号的说法相一致，但对应的氧化峰峰电位在 0.96 V 附近，电位高并且峰电流小，同时氧化峰宽而大，这表明 NO_2^-在 GCE 上的氧化反应过程缓慢。在 $Cu_3(BTC)_2$/rGO/GCE 上出现了一个明显的氧化峰，同时峰电位发生明显的负移，这表明 $Cu_3(BTC)_2$/rGO 复合材料对 NO_2^-有明显的电催化作用。当将 $Cu_3(BTC)_2$/rGO 复合材料转化为 CuS/rGO 后，氧化峰电流进一步增加，这可能归因于 CuS 能够提供更大的比表面积。在 Ag/CuS/rGO/GCE 上出现的氧化峰峰形更好，对应的氧化峰峰电流更大，同时氧化峰峰电位有进一步明显降低，这可能是归因于制备的 Ag/CuS/rGO 复合材料具有较大的表面积、良好的导电性以及各材料之间具有良好的协同电催化作用。

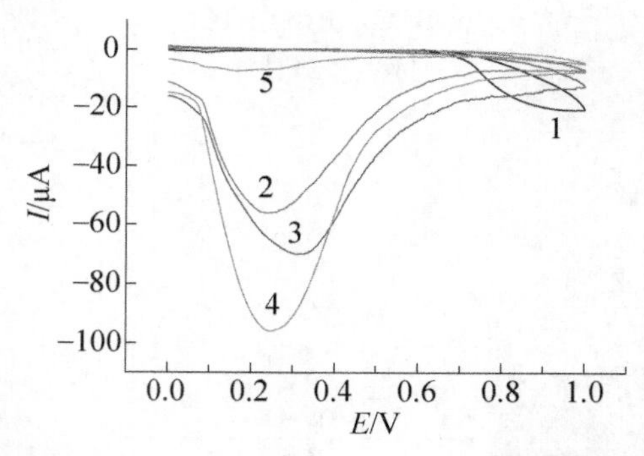

图 3.41 不同电极在含 0.1 mmol/L NO_2^-的 0.1 mol·L^{-1} PBS 缓冲液中的 CV 曲线（1~4）以及 Ag/CuS/rGO/GCE 在 0.1 mol·L^{-1} PBS 缓冲液中的 CV 曲线（5）

电极：1—GCE；2—$Cu_3(BTC)_2$/rGO/GCE；3—CuS/rGO/GCE；4,5—Ag/CuS/rGO/GCE

（4）Ag/CuS/rGO/GCE 对亚硝酸根离子的检测

探究了 Ag/CuS/rGO/GCE 对 NO_2^-的电催化氧化行为，结果如图 3.42 所示。从图可知，Ag/CuS/rGO/GCE 在空白 PBS 缓冲液中有一个微小的氧化峰出现，但当在 PBS 缓冲液中加入 0.05 mmol·L^{-1} NO_2^-后，出现了一个尖锐的氧化峰，说明 NO_2^-在 Ag/CuS/rGO/GCE 上被氧化。当向 PBS 缓冲液中加入 0.1 mmol·L^{-1} 和 0.2 mmol·L^{-1} NO_2^- 后，可以清晰地看到氧化峰峰电流有所增加。由此说明，基于 Ag/CuS/rGO 复合材料构建的电化学传感器对 NO_2^- 离子有显著的电催化氧化作用。

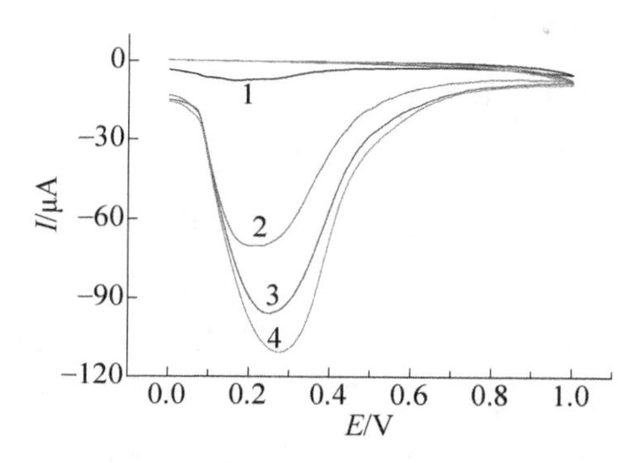

图 3.42 Ag/CuS/rGO/GCE 在不同浓度 NO_2^-离子中的 CV 曲线

NO_2^-离子浓度：1—0 mmol·L^{-1}；2—0.05 mmol·L^{-1}；3—0.1 mmol·L^{-1}；4—0.2 mmol·L^{-1}

3.4.4 电催化氧化亚硝酸根离子的影响因素

（1）扫描速率对 Ag/CuS/rGO/GCE 电催化氧化亚硝酸根离子的影响

研究了扫描速率 v 对 Ag/CuS/rGO 电催化氧化亚硝酸根离子的影响，结果如图 3.43 所示。从图 3.43（a）可以看出，扫描速率 v 会影响亚硝酸根离子的电催化氧化峰电流的大小，同时氧化峰峰电位 E_{pa} 随扫描速率 v 的增加发生了正移，这表明亚硝酸根离子在 Ag/CuS/rGO/GCE 上发生的反应为不可逆反应。由图 3.43（b）可知，在 0.4~1.6 V·s^{-1} 的扫描速率范围内，氧化

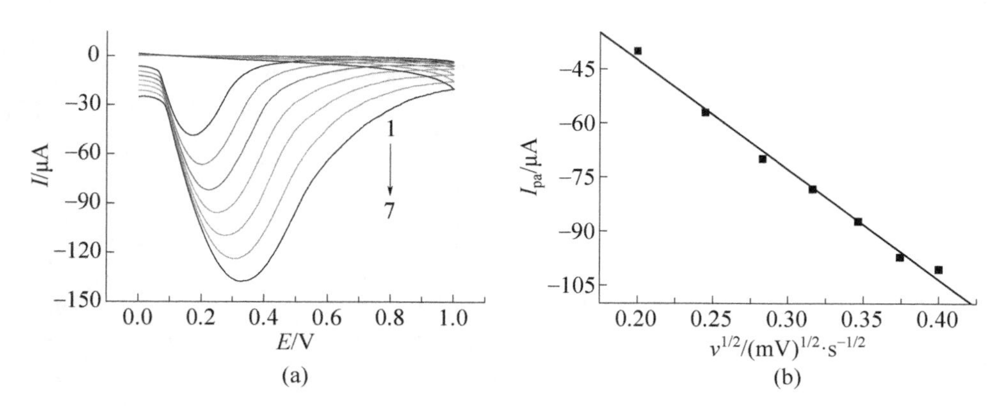

图 3.43 （a）不同扫描速率下 Ag/CuS/rGO/GCE 对 0.1 mmol·L^{-1} NO_2^-的 CV 曲线；（b）氧化峰峰电流 I_{pa} 与 $v^{1/2}$ 的线性关系图

扫描速率/V·s^{-1}（从 1→7）：0.04，0.06，0.08，0.10，0.12，0.14，0.16

峰峰电流 I_{pa} 与扫描速率 v 的平方根（$v^{1/2}$）成正比，其对应的线性方程为：$I_{pa} = 18.52074 - 304.83535\ v^{1/2}$（$R = 0.9960$），这表明亚硝酸根离子在 Ag/CuS/rGO/GCE 上的氧化过程是受扩散控制的。

（2）pH 对 NO_2^-离子氧化的影响

支持电解质的 pH 是影响 NO_2^-离子在修饰电极上电催化氧化过程的一个重要因素。因此，本文考察了 Ag/CuS/rGO/GCE 在不同 pH 值下对 NO_2^-离子的电催化氧化性能。从图 3.44（a）可知，随着 pH 值的增大氧化峰峰电流 I_{pa} 变小，同时氧化峰峰电压 E_{pa} 发生负移。从图 3.44（b）可见，在 pH 为 4.5~9.5 的范围内，NO_2^-离子的氧化峰峰电流随 pH 值的增大呈现先增大后减小的趋势，并且在 pH 值为 6.5 时氧化峰峰电流 I_{pa} 达到最大值。此外，在实验研究的 pH 范围内，pH 与氧化峰峰电压之间呈线性关系［图 3.44（c）］，表明 NO_2^-离子的电氧化过程中有质子的参与[48]。由此推测 NO_2^-离子在 Ag/CuS/

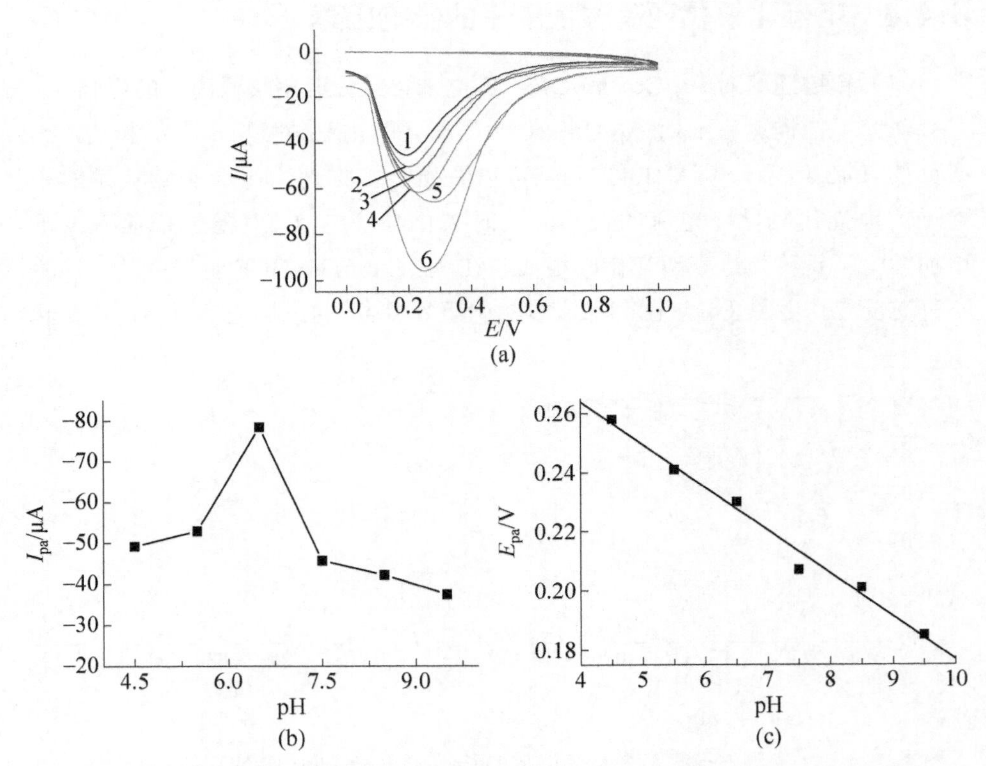

图 3.44 （a）不同 pH 下 Ag/CuS/rGO/GCE 对 NO_2^-离子的 CV 曲线；（b）氧化峰峰电流 I_{pa} 与 pH 关系图；（c）氧化峰峰电压 E_{pa} 与 pH 的线性关系图

曲线 1→6 对应的 pH 值分别为：9.5，8.5，7.5，5.5，4.5，6.5

rGO/GCE上可能的反应机理可以表示为[49-52]：

$$H^+ + NO_2^- \rightleftharpoons HNO_2$$

$$NO_2^- - e^- \longrightarrow NO_2$$

$$2NO_2 + H_2O \longrightarrow NO_3^- + 2H^+ + NO_2^-$$

（3）不同电极有效表面积的计算

根据Anson方程[53-55]［式（3.7）］可以知，目标检测物质的响应电流与电极的有效表面积有着直接的联系，电极的有效表面积越大，产生的响应电流就越明显。为了进一步探究NO_2^-离子在修饰电极上产生电催化氧化的原因，以0.1 mol·L^{-1} $K_3[Fe(CN)_6]$为探针，利用计时分析法对GCE、rGO/GCE、$Cu_3(BTC)_2$/ rGO/GCE、CuS/rGO/GCE及Ag/CuS/rGO/GCE的有效表面积进行了比较。

$$Q(t) = \frac{2nFAcD^{1/2}t^{1/2}}{\pi^{1/2}} + Q_{dl} + Q_{ads} \quad (3.7)$$

式中 n——转移电子数；

A——电极有效表面积，cm^2；

c——活性物质的浓度，mol·cm^{-3}；

D——扩散系数（本实验中D=7.6×10^{-6} cm^2·s^{-1}）；

Q_{dl}——双层电荷，可通过减去背景电量予以消除；

Q_{ads}——法拉第电量；

F——法拉第常数。

图3.45显示的是采用计时库仑法得到的不同电极的Q-t曲线和Q-$t^{1/2}$曲线，由图可知，电流Q的值随时间t的平方根（$t^{1/2}$）线性增加。不同电极对应的线性方程分别为：Q=0.547+0.689$t^{1/2}$（R=0.998）、Q=0.545+0.793$t^{1/2}$（R=0.998）、Q=0.386+1.179$t^{1/2}$（R=0.999）、Q=−0.247+4.702$t^{1/2}$（R=0.999）及Q=−0.542+ 6.649$t^{1/2}$（R=0.998）。假设Anson公式中的扩散系数D相同，根据斜率可知，Ag/CuS/rGO/GCE电极的有效表面积最大；同时根据斜率比可得，Ag/CuS/rGO/GCE的有效表面积分别为GCE、rGO/GCE、$Cu_3(BTC)_2$/rGO/GCE、CuS/rGO/GCE的9.65倍、8.38倍、5.63倍、1.41倍。这源于Ag、CuS、rGO均匀地分散在GCE表面，使得有效表面积增大以及彼此之间的协同效应，起到了放大电流响应的作用，进而使得Ag/CuS/rGO/GCE对NO_2^-离子的电催化氧化性能优于其他电极。

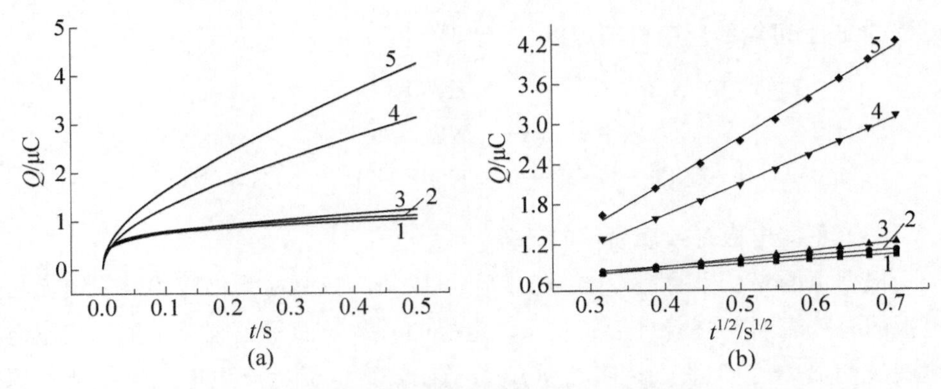

图 3.45 五种不同电极的 Q-t 曲线（a）和 Q-$t^{1/2}$ 曲线（b）

1—GCE；2—rGO/GCE；3—$Cu_3(BTC)_2$/rGO/GCE；4—CuS/rGO/GCE；5—Ag/CuS/rGO/GCE

3.4.5 NO_2^-离子含量的测定

采用线性扫描伏安法探究了 Ag/CuS/rGO/GCE 对 NO_2^-离子的检测（图 3.46）。从图 3.46（a）可以看到，在 0.14 V 左右，随着 NO_2^-离子浓度的增大，Ag/CuS/rGO/GCE 在测定 NO_2^-离子时的氧化峰峰电流 I_{pa} 随之增大。此外，对加入的 NO_2^-离子与对应的氧化峰峰电流 I_{pa} 进行线性拟合，结果显示两者在 1~50 $\mu mol \cdot L^{-1}$ 和 50~550 $\mu mol \cdot L^{-1}$ 的范围内呈现良好的线性关系［图 3.46（b）］，其对应的线性方程分别为：$I_{pa}(\mu A) = -6.952-0.083c$（$R$=0.998），$I_{pa}(\mu A) = -9.437-0.025c$（$R$=0.996）检测限为 0.4 $\mu mol \cdot L^{-1}$（S/N=3）。表 3.7 为本实验制得的基于 Ag/CuS/rGO 复合材料的 NO_2^-离子传感器与已报道的 NO_2^-

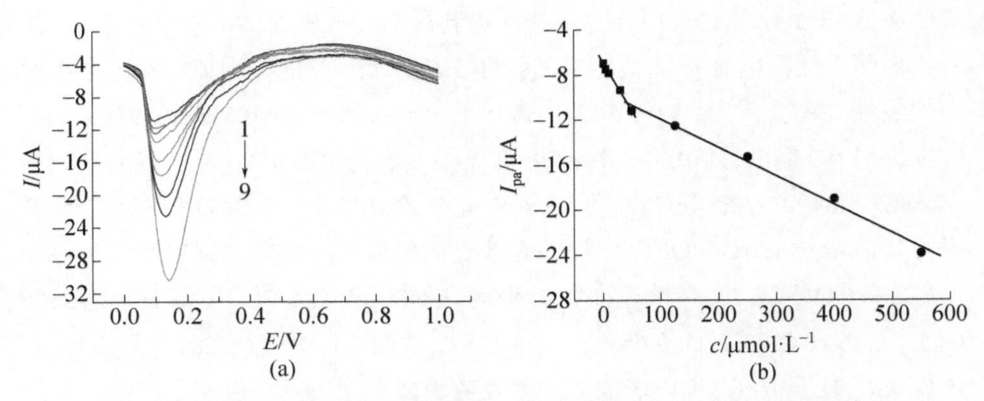

图 3.46 （a）不同浓度 NO_2^-离子在 Ag/CuS/rGO/GCE 上的 CV 曲线和（b）NO_2^-离子浓度与氧化峰峰电流的线性关系

浓度/$\mu mol \cdot L^{-1}$（从 1→9）：1，5，10，30，50，125，250，400，500

离子传感器性能的对比，结果显示本实验所制备的NO_2^-离子传感器在检测限和线性范围方面均优于其他传感器。

表 3.7　不同NO_2^-离子传感器性能比较

修饰电极	线性范围 /$\mu mol \cdot L^{-1}$	检测限 /$\mu mol \cdot L^{-1}$	测定电压/V	参考文献
CR-GO/GCE	8.9~167	1	0.8（SCE）	[56]
ZrO_2/CNT/Au/GCE	0.5~1115.5	0.3	0.75（SCE）	[57]
Cu/MWCNTs/GCE	5~1260	1.8	0.9（SCE）	[58]
CuS/MWCNTs/GCE	1~8100	0.33	0.7（SCE）	[59]
Ag nanoplates/GCE	10~1000	1.2	0.82（SCE）	[60]
Ag-rGO/GCE	0.1~120	0.012	0.9（Ag/AgCl）	[61]
MOF-525	20~800	2.1	0.9（SCE）	[62]
Ag/CuS/rGO/GCE	1~50，50~500	0.4	0.14（SCE）	本实验结果

3.4.6 Ag/CuS/rGO/GCE 的重现性、稳定性及抗干扰性

在最佳实验条件下，对 Ag/CuS/rGO/GCE 的稳定性进行考察。在含有 20 $\mu mol \cdot L^{-1}$和 100 $\mu mol \cdot L^{-1}$ NO_2^-的 PBS 缓冲液中用 Ag/CuS/rGO/GCE 测定NO_2^-离子浓度 6 次，得到的响应电流的相对标准偏差（RSD）分别为 1.8%和 2.1%，表明基于 Ag/CuS/rGO 复合材料制备的NO_2^-离子传感器具有很高的重现性。将 Ag/CuS/rGO/GCE 保存两周，再测定其对NO_2^-离子响应值的变化，结果氧化电流值为初始值的 87%，因此该修饰电极表现出优良的稳定性。

通过加入常见的阴、阳离子，考察了基于 Ag/CuS/rGO 复合材料构置的NO_2^-离子电传感器的抗干扰性。在最佳实验条件下，加入 20 倍以上的 Na^+、K^+、Cu^{2+}、Cl^-、NH_4^+、SO_4^{2-}及柠檬酸，所得结果如由图 3.47 的实验结果表明，均不会影响对NO_2^-离子的测定。

3.4.7 实际样品分析

为了评价所提出的测定NO_2^-离子方法的有效性，向三个自来水样品中加入不同浓度的NO_2^-离子，所得实验结果如表 3.8 所示。从表中可见基于 Ag/CuS/rGO 复合材料构建的NO_2^-离子电化学传感器可以有效地检测实际样品中NO_2^-离子含量，具有一定的应用价值。

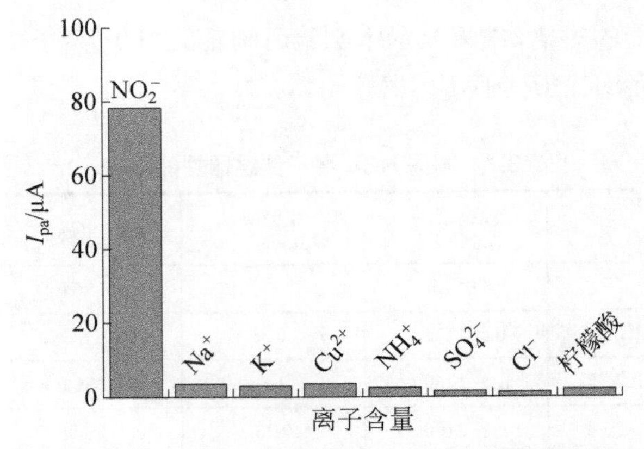

图 3.47 基于 Ag/CuS/rGO 复合材料构置的 NO_2^- 离子传感器的抗干扰性能研究

表 3.8 Ag/CuS/rGO/GCE 对 NO_2^- 离子的分析结果

样品	添加浓度/$\mu mol \cdot L^{-1}$	检测限/$\mu mol \cdot L^{-1}$	回收率/%
1	1.0	1.1	110
2	5.0	5.3	106
3	20.0	20.1	101

3.4.8 小结

以 $Cu_3(BTC)_2$/rGO 为前驱体，通过固-固转化和浸渍法，绿色、简单易控地制备了具有大的比表面积和良好导电性的 Ag/CuS/rGO 复合材料。利用该复合材料中三者之间良好的协同电催化性能，构置了新型 NO_2^- 离子电化学传感器。该传感器具有较低的氧化电位（0.14 V）、较宽的线性（1~50 $\mu mol \cdot L^{-1}$ 和 50~550 $\mu mol \cdot L^{-1}$）和较低的检测限（0.4 $\mu mol \cdot L^{-1}$），这主要归因于 Ag/CuS/rGO 复合材料大的表面积与良好的导电性以及 Ag、CuS 和 rGO 三者之间良好的协同效应。

3.5 新型油田污水除油剂的制备及性能研究

随着石油工业的快速发展，油田污水越来越多，如何处理污水，逐渐成为石油企业面临的严峻问题。如果这些含油污水未经处理直接排放，将会严重污染环境，造成极大的水资源浪费。为了有效利用油田采出的污水，需要对污水进行有效处理。传统的污水处理技术都有一定优势，但在实际应用中仍存在一些不足，比如成本高、效率低、程序复杂、污泥量大等[63]，故必须采用新技术，进一步提升油田开采的效率，满足环境保护和工业发展的需求。

纳米 Fe_3O_4 是一种具有反尖晶石结构的铁氧体，电子可以在 Fe^{2+} 和 Fe^{3+} 之间进行传递，具有超顺磁性、小尺寸效应、量子隧道效应等性能[64]。目前，纳米 Fe_3O_4 已经在催化剂[65]、磁记录[66]、造影成像[67]、微波吸收[68]、重金属吸附[69,70]、生物传感器[71-73]等领域表现出良好的应用前景。但是由于纯的 Fe_3O_4 具有大的磁偶极相互作用，在制备过程中容易团聚，稳定性较差，降低了其催化活性。石墨烯是碳原子紧密堆积成单层二维蜂窝状晶格结构的一种碳质新材料，具有许多优异而独特的物理、化学和力学性能，在微纳电子器件、光电子器件、新型复合材料以及传感材料等方面有着广泛的应用前景。独特的二维平面结构，使石墨烯成为一个非常理想的载体材料。氧化石墨烯与 Fe_3O_4 的复合材料因具有磁性而引起了人们的极大关注。将 Fe_3O_4 负载在石墨烯上，可以克服 Fe_3O_4 易团聚的不足；并能利用磁性，将该复合材料从溶液中快速分离出来，易于重复利用。

石墨烯负载的纳米 Fe_3O_4 因其粒径小、比表面积大且具有超顺磁性，极易与污水中的油滴吸附，产生破乳作用。PDDA（聚二烯丙基二甲基氯化铵）表面有活性基团可以与油滴表面的极性物质发生化学吸附作用而形成桥联，聚结除油。本文通过共沉淀法合成了 Fe_3O_4/GE 纳米复合材料，然后通过静电作用将 PDDA 修饰在 Fe_3O_4/GE 表面，所制备的新型除油剂 PDDA/Fe_3O_4/GE，能发挥二者破乳和聚结除油的优势，为含油污水处理提供新的研究思路。

3.5.1　PDDA/Fe_3O_4/GE 的合成

将 3 mg·mL^{-1} 氧化石墨烯水溶液加入 500 mL 四口烧瓶中。称取一定量的氯化铁和硫酸亚铁于 60 mL 水中，并加入少量 HCl 酸化，超声 30 min 后加入恒压滴液漏斗中。室温搅拌下缓慢滴入氧化石墨烯溶液中。将混合物在水浴下加热到 60℃，迅速滴加浓氨水至 pH 值为 10。控制温度 60℃反应 2 h 后抽滤混合物，用去离子水洗涤滤饼至滤液无 SO_4^{2-} 及 Cl^-，用无水乙醇洗涤滤饼，至滤液为中性。60℃真空干燥箱中烘干 6 h，研磨得到 Fe_3O_4/GE。按照 Fe_3O_4 理论产量与氧化石墨烯的质量比分别为 1∶1、5∶1、10∶1、

15∶1，制得不同配比的 Fe_3O_4/GE，分别标记为 Fe_3O_4/GE（1∶1）、Fe_3O_4/GE（5∶1）、Fe_3O_4/GE（10∶1）及 Fe_3O_4/GE（15∶1）。称取一定量 Fe_3O_4/GE 并分散于 10%的 PDDA 水溶液中，搅拌 10 h 后过滤，滤饼在 60℃真空干燥箱中烘干，后经研磨得到 PDDA/Fe_3O_4/GE 纳米复合材料。实验制备过程如图 3.48 所示。

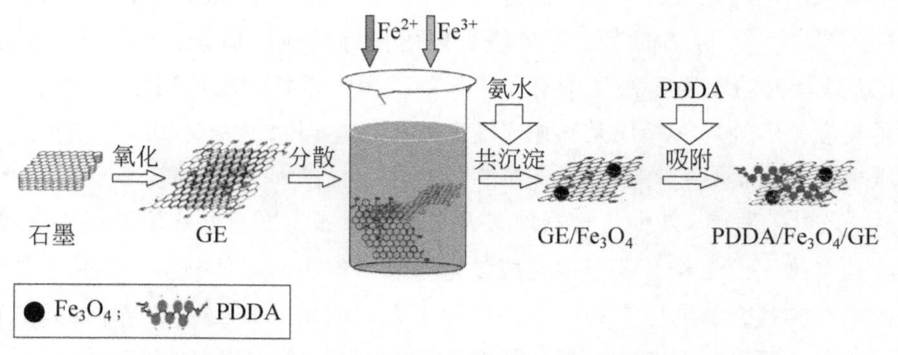

图 3.48 PDDA/Fe_3O_4/GE 纳米复合材料的制备

3.5.2 PDDA/Fe_3O_4/GE 的表征

（1）扫描电镜（SEM）分析

图 3.49（a）为 PDDA/Fe_3O_4/GE 纳米复合材料的 SEM 图，从图中能够清楚地看到，在石墨烯骨架上有类球状的 Fe_3O_4 纳米粒子，表明 Fe_3O_4 纳米粒子很好地分散在石墨烯片上。图 3.49（b）表明了 PDDA/Fe_3O_4/GE 所含的元素，证明了该复合材料已被成功合成。

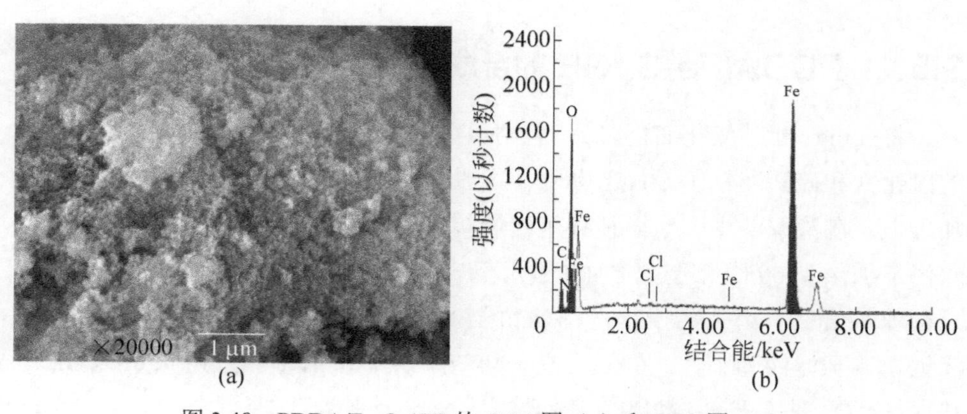

图 3.49 PDDA/Fe_3O_4/GE 的 SEM 图（a）和 EDS 图（b）

（2）XRD 分析

图 3.50 为制备的产物的 X 射线衍射图谱。由图可见，在 $2\theta=30.2°$、$35.5°$、$43.2°$、$53.6°$、$57.1°$ 和 $62.7°$ 处的衍射峰与标准卡片（PDF No. 75-0449）中立方晶系的 Fe_3O_4 图相吻合。氧化石墨在 $2\theta = 10.5°$ 的特征峰消失，表明氧化石墨被完全还原。图中也无其他杂质晶相的衍射峰存在，说明产物具有较高的纯度。从图也可以看出，衍射峰较宽，说明产物的粒径比较细小。

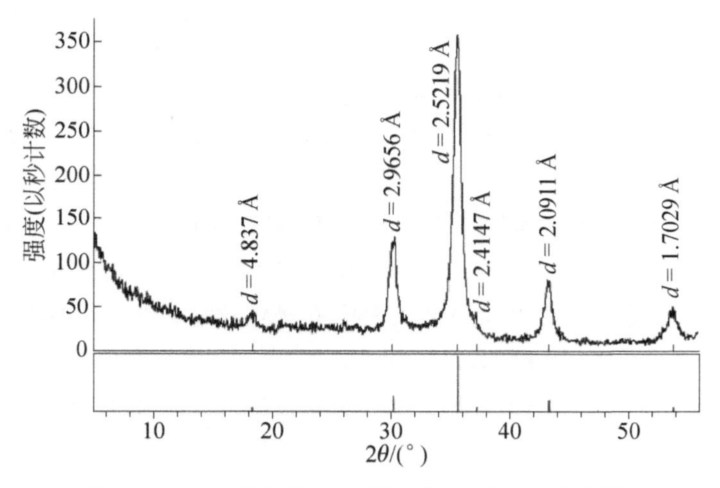

图 3.50 Fe_3O_4/GE 的 XRD 图（图中 d 为晶面间距）

3.5.3 污水油含量分析方法

污水中含油量根据中华人民共和国石油天然气行业标准 SY/T 0530—1993《油田污水中含油量测定方法分光光度法》进行测定。

3.5.4 反应条件对除油剂性能的影响

（1）$n_1(Fe_3O_4)/n_2(GE)$比值对除油性能影响

在反应温度为 20℃，改变 $n_1(Fe_3O_4)/n_2(GE)$比值，用所合成的除油剂处理长庆油田某采油厂污水的试验结果如图 3.51 所示。从图可见，在相同的加入剂量 100 $mg \cdot L^{-1}$ 的情况下，当 $n_1(Fe_3O_4)/n_2(GE)=5$ 时合成的除油剂对油田污水有较好的除油效果，可将污水含油量从 364 $mg \cdot L^{-1}$ 降到 50 $mg \cdot L^{-1}$ 以下。因此，后续试验选择 $n_1(Fe_3O_4)/n_2(GE)=5$。

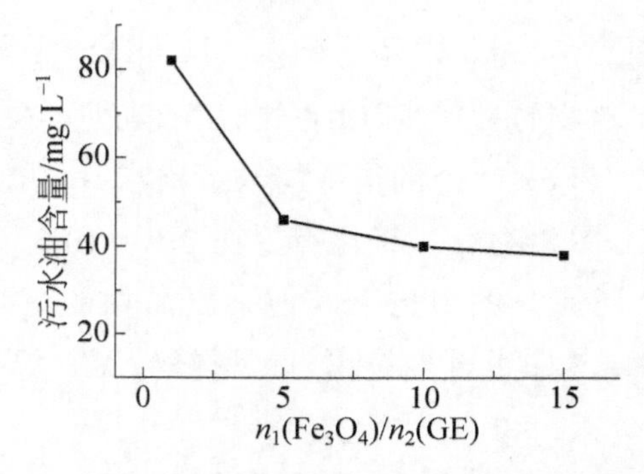

图 3.51　$n_1(Fe_3O_4)/n_2(GE)$比值对除油效果的影响

（2）反应时间对除油剂性能影响

从图 3.52 可以看出，在反应温度为 20℃下，加入除油剂 10 min 后，水中油质量浓度就可降至 50 $mg \cdot L^{-1}$ 以下，可见产品除油速度较快。这是由于 PDDA/Fe_3O_4/GE 中石墨烯负载的纳米 Fe_3O_4 具有粒径小、比表面积大和超顺磁性的特点，极易与污水中的油滴吸附，产生破乳作用。PDDA/Fe_3O_4/GE 中 PDDA 表面有活性基团可以与油滴表面的极性物质发生化学吸附作用而形成桥联，聚结除油。当 PDDA/Fe_3O_4/GE 加到一定量后，使原先乳状液微粒界面膜的原有平衡破坏后，油珠可迅速凝聚，大大缩短停留时间，提高了处理效果。

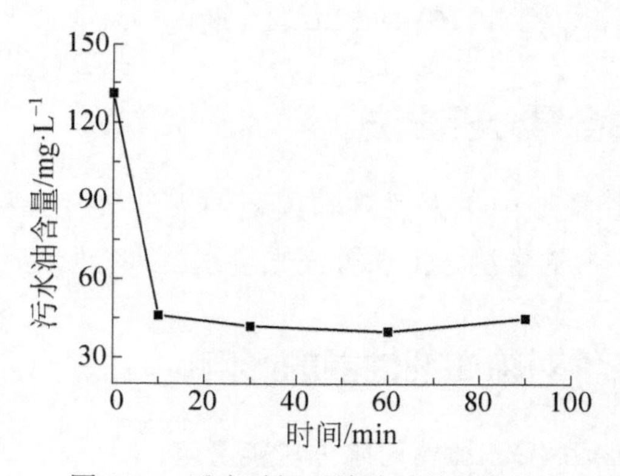

图 3.52　反应时间对除油效果的影响

（3）反应温度对除油剂性能影响

反应温度与除油效果的关系如图 3.53 所示。由图可以看出，随着温度升高，水中油浓度降低，除油效果逐渐提高。这是因为在较高的温度下，水样黏度变小，乳状液破乳后，油水分离速度变快。

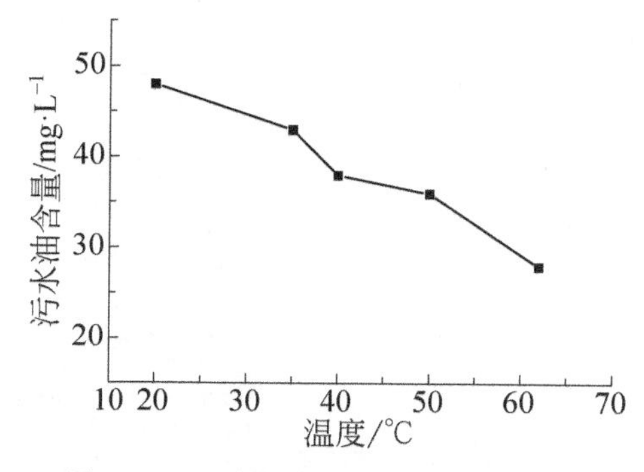

图 3.53　反应温度对除油效果的影响

（4）pH 对除油剂性能影响

在温度为 20℃，反应时间为 10 min 的条件下，调节污水的 pH 值，除油剂 PDDA/Fe_3O_4/GE 的除油实验结果见表 3.9。由表可知，随着反应体系 pH 值的升高，除油剂的除油效果变化不大，实验选择最适宜的 pH 为 6.5~7.0。

表 3.9　污水的 pH 值对除油剂性能的影响

pH	加剂量/$mg \cdot L^{-1}$	污水中油含量/$mg \cdot L^{-1}$	水质状态
6.5	300	49	清
7.0	300	43	清
7.5	300	53	清
8.0	300	42	清

注：污水油含量为 306 $mg \cdot L^{-1}$。

（5）除油剂最佳用量的确定

由图 3.54 可知，随着 PDDA/Fe_3O_4/GE 加量的增大，水样中的含油量逐渐减少。当 PDDA/Fe_3O_4/GE 加量为 300 $mg \cdot L^{-1}$ 后水中油含量变化不大。这是由于 PDDA/Fe_3O_4/GE 中的 PDDA 是一种阳离子型聚合物，其带有正电荷基团，在适当浓度下可以快速中和 O/W 乳状液表面的负电荷，使油珠表面的 ζ 电位迅速下降，降低微粒间的静电斥力；当加量为 300 $mg \cdot L^{-1}$ 时，油珠表面的 ζ 电位接近于 0，此时乳状液的稳定性最差，除油效果最好；继续增加除油剂的加量，水中含油量变化不大。因此，除油剂 PDDA/Fe_3O_4/GE 的最佳用量为 300 $mg \cdot L^{-1}$。

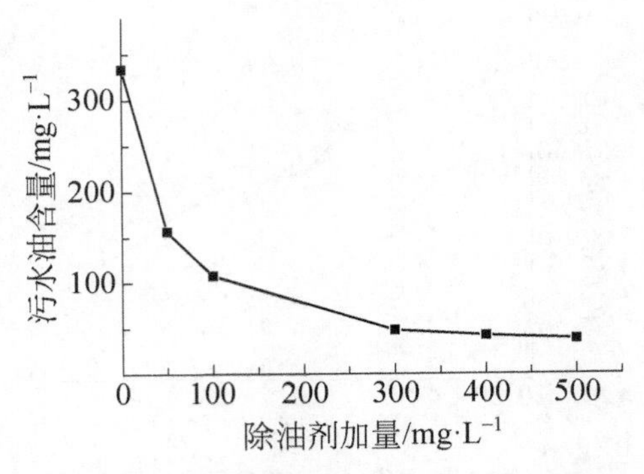

图 3.54 除油剂加量对除油效果的影响

在除油剂 PDDA/Fe_3O_4/GE 的用量为 300 $mg·L^{-1}$ 时，污水除油效果如图 3.55 所示。从图可见，处理后的污水水质清澈，除油剂也可以通过磁铁进行回收利用。

图 3.55 除油剂的除油效果图

3.5.5 除油剂的重复利用性能

强酸和强碱是常用的解吸剂[74,75]，本实验选取 NaOH 对除油剂 PDDA/Fe_3O_4/GE 进行再生，具体操作如下：向磁性分离出的吸附剂中加入 10 mL 的 1 $mol·L^{-1}$ NaOH，在 30℃的恒温水浴中放置 1 h，弃去溶液，用去离子水清洗吸附剂 2~3 次，反应条件和第一次相同，重复使用 3 次，结果如图 3.56 所示。

从图中可以看出，随着循环利用次数的增加，除油剂的除油性能逐渐降低，这可能由于 PDDA 有一定的水溶性，每次使用后都会有一定的损失，造成除油剂性能下降。但从中也可以看出除油剂仍有一定的除油能力，说明它具有较好的重复利用性能。

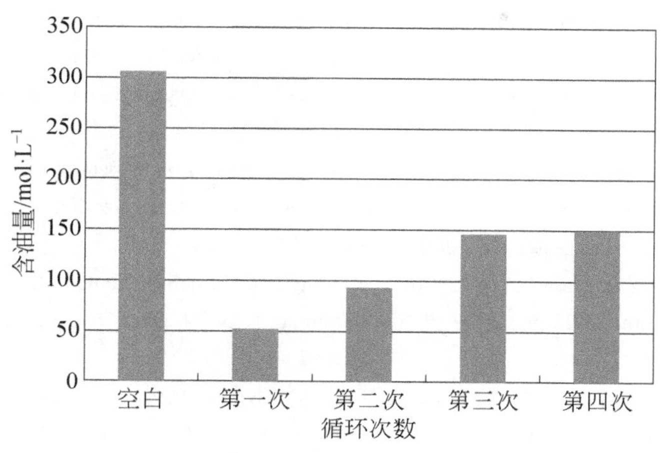

图 3.56　循环利用次数对吸附量的影响

3.5.6　小结

① 合成的油田污水除油剂 PDDA/Fe_3O_4/GE 具有较强的中和电荷、吸附桥联和絮凝聚结等功能，处理长庆油田某采油厂污水速度快，方法简单，易于重复利用。

② 在 $n_1(Fe_3O_4)/n_2(GE)$为 5，温度为 20℃、反应时间为 10 min 的情况下，采用 PDDA/Fe_3O_4/GE 处理油田污水，其最佳加量为 300 $mg \cdot L^{-1}$时，具有良好的除油效果。

参 考 文 献

[1] Szamocki R, Velichko A, Holzapfel C, et al. Macroporous ultramicroelectrodes for improved electroanalytical measurements [J]. Anal. Chem., 2007, 79 (2): 533-539.

[2] Zielasek V, Schulz C, Biener MM, et al. Gold Catalysts:Nanoporous Gold Foams [J]. Angew. Chem. Int. Ed., 2006, 45 (48): 8241-8244.

[3] Li YF, Bai HY, Liu Q, et al. A nonenzymatic cholesterol sensor constructed by using porous tubular silver nanoparticles [J]. Biosens. Bioelectron., 2010, 25 (10): 2356-2360.

[4] Li C, Wang H, Yamauchi Y. Electrochemical Deposition of Mesoporous Pt-Au Alloy Films in Aqueous Surfactant Solutions: Towards a Highly Sensitive Amperometric Glucose Sensor [J]. Chem.-Eur. J., 2013, 19(7): 2242-2246.

[5] Xu CX, Wang RY, Chen MW, et al. Dealloying to nanoporous Au/Pt alloys and their

structure sensitive electrocatalytic properties [J]. Phys. Chem. Chem. Phys., 2010, 12 (1): 239-246.

[6] Xu CX, Zhang Y, Wang LQ. Nanotubular Mesoporous PdCu Bimetallic Electrocatalysts toward Oxygen Reduction Reaction [J]. Chem. Mater., 2009, 21 (14): 3110-3116.

[7] Chen LY, Guo H, Fujita T. Nanoporous PdNi Bimetallic Catalyst with Enhanced Electrocatalytic Performances for Electro-oxidation and Oxygen Reduction Reactions [J]. Adv. Funct. Mater., 2011, 21 (22): 4364-4370.

[8] Comini E, Baratto C, Faglia G, Ferroni M, Vomiero A, Sberveglieri G. Quasi-one dimensional metal oxide semiconductors: Preparation, characterization and application as chemical [J]. Prog. Mater. Sci., 2009, 54 (1): 1-67.

[9] Xu CX, Liu YQ, Zhou C. An In Situ Dealloying and Oxidation Route to Co_3O_4 Nanosheets and their Ambient-Temperature CO Oxidation Activity [J]. Chem. Cat. Chem., 2011, 3(2): 399-407.

[10] Wan LJ, Shi KY, Tian XQ, Fu H G. Facile synthesis of iron oxide with wormlike morphology and their application in water treatment [J]. J. Solid State Chem., 2008, 181(4): 735-740.

[11] Yang J, Li XN, Bai SL, Luo RX, Chen AF. Electrodeposition and electrocatalytic characteristics of porous crystalline SnO_2 thin film using butyl-rhodamine B as a structure-directing agent. Thin Solid Films, 2011, 519 (19): 6241-6245.

[12] 张文彬, 张长财. 氢气泡模板法制备多孔镍用于电催化氧化乙醇[J]. 应用化学, 2015, 32(10): 1177-1183.

[13] 黄曼, 陈昀. 水热法制备纳米片状氧化镍及其对葡萄糖的电化学检测[J]. 中国测试, 2016, 42(11): 44-47.

[14] 李斐, 李华, 朱勇,等. 分子前驱体衍生的氧化镍电极催化水氧化性能研究（英文）[J]. 催化学报, 2017, 11: 42-47.

[15] 刘晓芹, 郝瑶, 郭满栋. 氢氧化镍薄膜修饰玻碳电极的制备及其对L-赖氨酸氧化的电催化活性[J]. 化学研究, 2013, (3): 281-287.

[16] Shamsipur M, Najafi M, Milani HMR. Highly Improved Electrooxidation of Glucose at a Nickel Oxide/Multi-Walled Carbon Nanotube Modified Glassy Carbon Electrode[J]. Bioelectrochem., 2010, 77(2): 120-124.

[17] You T, Hayashi K, Tomita M. An Amperometric Formed of Highly Dispersed Ni Nanoparticles Embedded in a Graphite-Like Carbon Film Electrode for Sugar Determination [J]. Anal. Chem., 2003, 75(19): 5191-5196.

[18] Zhang WD, Chen J, Jiang LC, et al. A Highly Sensitive Nonenzymatic Glucose Sensor Based on Nio-Modified Multi-Walled Carbon Nanotubes [J]. Microchim. Acta, 2010, 168(3-4): 259-265.

[19] Li CC, Liu YL, Li LM, et al. A Novel Amperometric Biosensor Based on NiO Hollow Nanospheres for Biosensing Glucose [J]. Talanta, 2008, 77(1): 455-459.

[20] Ling TR, Li CS, Jowb JJ, et al. Mesoporous Nickel Electrodes Plated with Gold for the

Detection of Glucose[J]. Electrochim. Acta, 2011, 56(3): 1043-1050.

[21] Cao X, Wang N. A novel non-enzymatic glucose sensor modified with Fe_2O_3 nanowire arrays [J]. Anal. Chem. 2011, 136: 4241-4246.

[22] Marioli JM, Luo PF, Kuwana T. Nickel-chromium alloy electrode as a carbohydrate detector for liquid chromatography. Anal. Chim. Acta, 1993, 282: 571-580.

[23] 胡大波，杜聪，邱玉．电催化氧化技术深度处理染料废水研究[J]．中国资源综合利用, 2016, 34 (7): 34-36.

[24] 丁绍兰，李郑坤，王睿．染料废水处理技术综述[J]．水资源保护, 2010, 26(3): 73-78.

[25] 胡天丁，贾庆明，苏红莹，田娜，何善传，陕绍云．MOFs 在废水处理中的应用[J]．化工新型材料, 2016, 44(10): 245-247.

[26] Ke F, Qiu LG, Yuan YP, Peng FM, Jiang X, Xie AJ, Shen YH, Zhu JF. Thiol- functionalization of metal-organic framework by a facile coordination-based postsynthetic strategy and enhanced removal of Hg^{2+} from water [J]. J. Hazard. Mater., 2011,196: 36-43.

[27] Liu L, Zhang XN, Han ZB, Gao ML, Cao XM, Wang SM. An In^{III}-based anionic metal-organic framework: sensitization of lanthanide (Ⅲ) ions and selective absorption and separation of cationic dyes [J]. J. Mater. Chem. A, 2015, 3: 14157-14164.

[28] Jiang ZW, Li YF. Facile synthesis of magnetic hybrid Fe_3O_4/MIL-101 via heterogeneous coprecipitation assembly for efficient adsorption of anionic dyes [J]. J. Taiwan Inst. Chem. E, 2016, 59: 373-379.

[29] Petit C, Mendoza B, Bandosz TJ. Hydrogen Sulfide Adsorption on MOFs and MOF/Graphite Oxide Composites [J]. Chem. Phys. Chem., 2010, 11: 3678 -3684.

[30] Hasan Z, Choi EJ, Jhung SH. Adsorption of naproxen and clofibric acid over a metal-organic framework MIL-101 functionalized with acidic and basic groups [J]. Chem. Eng. J., 2013, 219: 537-544.

[31] Yang ST, Chen S, Chang Y, Cao A, Liu Y, Wang H. Removal of methylene blue from aqueous solution by graphene oxide [J]. J. Colloid Interf. Sci., 2011, 359(1): 24-29.

[32] Yang ST, Chang Y, Wang H, et al. Folding aggregation of graphene oxide and its application in Cu^{2+} removal, Folding/aggregation of graphene oxide and its application in Cu^{2+} removal [J]. J. Colloid Interf. Sci., 2010, 351: 122-127.

[33] Sava DF, Chapman KW, Rodriguez MA, Greathouse JA, Crozier PS, Zhao H, Chupas PJ, Nenoff TM. Competitive I_2 Sorption by Cu-BTC from Humid Gas Streams [J]. Chem. Mater., 2013, 25: 2591-2596.

[34] Davydovskaya P, Pohle R, Tawil A, Fleischer M. Work function based gas sensing with Cu-BTC metal-organic framework for selective aldehyde detection [J]. Sens. Actuators, B, 2013, 187: 142-146.

[35] Hummers WS, Offeman R. Preparation of Graphitic Oxide [J]. J. Am. Chem. Soc., 1958, 80: 1339.

[36] Wu R, Qian X, Yu F, et al. MOFs-templated formation of porous CuO hollow octahedrons for lithium-ion battery anode materials [J]. J. Mater. Chem. A, 2013, 1: 11126-11129.

[37] 李跃，祝立强，陈佩华，丁枭，程良彪，丛野，李轩科．石墨烯基 TiO_2 复合材料的表征及其可见光催化活性研究[J]．武汉科技大学学报, 2017, 40(1): 43-48.

[38] Lin S, Song Z, Che G, Ren A, Li P, Liu C, Zhang J. Adsorption behavior of metal-organic frameworks for methylene blue from aqueous solution [J]. Microporous Mesoporous Mater., 2014, 193: 27-34.

[39] Sun X, Li H, Li Y, Xu F, Xiao J, Xia Q, Li Y, Li Z. A novel mechanochemical method for reconstructing the moisture-degraded HKUST-1 [J]. Chem. Commun., 2015, 54: 10835-10838.

[40] Zhang Q, He Y, Chen XG, Hu D, Li L, Yin T, Ji L. Structure and photocatalytic properties of TiO_2-Graphene Oxide intercalated composite [J]. Chin. Sci. Bull., 2011, 56(3): 331-339.

[41] 李永玺，陈彧，庄小东,等．石墨烯化学及潜在应用[J]．上海第二工业大学学报, 2010, 27(4): 259-269.

[42] 刘存海，喻莹．低温法制备二氧化钛薄膜及其光催化氧化处理电镀含铬废水[J]．电镀与涂饰, 2012, 31(3): 35-38.

[43] 邓南圣，吴峰．环境光化学[M]．北京:化学工业出版社, 2003, 333-335.

[44] 柳荣伟．油田污水中聚丙烯酰胺降解机理研究[J]．石油化工应用, 2010, 29(4): 1-5.

[45] Smith EA, Prues SL, Oehme FW. Envinronmental degradation of polyacrylamides[J]. Ecotoxicol. Environ. Saf., 1997, 37(1): 76-91.

[46] Kozub BR, Rees NV, Compton RG. Electrochemical determination of nitrite at a bare glassy carbon electrode; why chemically modify electrodes [J]. Sensor Actuat. B Chem., 2010, 143(2): 539-546.

[47] Shaikh T, Ibupoto ZH, Talpur FN, et al. Selective and Sensitive Nitrite Sensor Based on Glassy Carbon Electrode Modified by Silver Nanochains [J]. Electroanal., 2016.

[48] 石璐丹，刘科高，张力,等．电沉积 CuS 镀液的电化学性能及镀膜相组成[J]．表面技术, 2014(4): 92-96.

[49] 刘召娜．新型纳米结构材料在电化学传感器中的研究与应用[D]．济南：山东大学, 2012.

[50] Elstner M, Porezag D, et al. Self-consistent-charge density-functional tight-binding method for simulations ofcomplex materials properties [J]. Phys. Rev. B, 1998, 58: 7260-7268.

[51] 代义娟．石墨烯基器件的制备及其性能研究[D]．合肥：安徽师范大学, 2013.

[52] Gan YP, Qian XK, He XD, et al. Structural, elastic and electronic properties of a new ternary-layered Ti_2SiN [J]. Physica. B, 2011, 406(20): 3847-3850.

[53] Barsoum MW, El-Raghy T. Synthesis and Characterization of Remarkable Ceramic [J]. J. Am. Ceram. Soc., 1996, 79(7): 1371-1378.

[54] Barsoum MW, El-Raghy T, Rawn CJ, et al. Thermal properties of Ti_3SiC_2 [J]. J. Phys. Chem. Solids, 1999, 60(4): 429-439.

[55] Chen CC, Huang TY, Wu HZ. Formation mechanism of Ti_3SiC_2 from a TiC lattice: An

electron microscopic study [J]. Mater. Chem. Phys., 2012, 133(2-3): 1137-1143.

[56] Mani V, Periasamy AP, Chen SM. Highly selective amperometric nitrite sensor based on chemically reduced graphene oxide modified electrode [J]. Electrochem. Commun., 2012, 17(1): 75-78.

[57] Meng Z, Zheng J, Li Q. A nitrite electrochemical sensor based on electrodeposition of zirconium dioxide nanoparticles on carbon nanotubes modified electrode [J]. J. Iran. Chem. Soc., 2014, 12(6): 1053-1060.

[58] Manoj D, Saravanan R, Santhanalakshmi J, et al. Towards green synthesis of monodisperse Cu nanoparticles: An efficient and high sensitive electrochemical nitrite sensor [J]. Sensor Actuat. B: Chem., 2018, 266(1): 873-882.

[59] Zhang S, Li B, Sheng Q, et al. Electrochemical sensor for sensitive determination of nitrite based on the CuS-MWCNTs nanocomposites [J]. J. Electroanal. Chem., 2016, 769: 118-123.

[60] Wang Z, Liao F, Guo T, et al. Synthesis of crystalline silver nanoplates and their application for detection of nitrite in foods [J]. J. Electroanal. Chem., 2012, 664: 0-138.

[61] Ahmad R, Mahmoudi T, Ahn M S, et al. Fabrication of sensitive non-enzymatic nitrite sensor using silver-reduced graphene oxide nanocomposite [J]. J. Colloid Interf. Sci., 2018, 516: 67-75.

[62] Kung CW, Chang TH, Chou LY, et al. Porphyrin-based metal–organic framework thin films for electrochemical nitrite detection [J]. Electrochem. Commun., 2015, 58: 51-56.

[63] 李勇怀，龙云，张炜强，王玺. 油田水处理技术应用现状与发展展望[J]. 化工管理, 2015(1): 172.

[64] 于文广，张同来，张建国，等. 纳米四氧化三铁（Fe_3O_4）的制备和形貌[J]. 化学进展, 2007, 19(6): 884-890.

[65] 杨静，崔世海，练鸿振. 磁载光催化剂 $Fe_3O_4/C/TiO_2$ 的制备及对三氯苯酚的降解[J]. 无机化学学报, 2013, 10: 2043-2048.

[66] 刘子元，丁忠浩. 纳米磁性液体的特性、制备及应用[J]. 过程工程学报, 2004, 4(Z1): 484-488.

[67] 杨芳，李熠鑫，陈忠平，顾宁. 超声、磁共振多功能微气泡造影剂的制备和应用[J]. 科学通报, 2009, 54(9): 1181-1186.

[68] 周克省，刘归，尹荔松，孔德明. 纳米 $Fe_3O_4/BaTiO_3$ 复合体系的微波吸收特性[J]. 2005, 36(10): 872-876.

[69] 郑群雄，刘摇煌，徐小强，杜美霞. 羧羧基化核壳磁性纳米 Fe_3O_4 吸附剂的制备及对 Cu^{2+} 吸附性能[J]. 2012, 33(1): 107-113.

[70] 吴少林，马明，胡文涛. 磁性纳米吸附剂 $Fe_3O_4 \cdot ZrO(OH)_2$ 的合成及对水中氟和砷的吸附性能[J]. 2013, 1: 201-206.

[71] 闵红，曲云鹤，李晓华，谢宗红，卫银银，金利通. Au 掺杂 Fe_3O_4 纳米粒子酶传感器的制备及其应用于有机磷农药检测的研究[J]. 2007, 65(20): 2303-2308.

[72] 李建平，陈绪胄. 基于 Fe_3O_4/Au/GOx 的新型磁性敏感膜葡萄糖传感器的研制[J].

2008, 66(1):84 - 90.

[73] Qu JY, Dong Y, Lou TF, Du XP. Determinall.on of Hydrogen Peroxide Using a Novel Sensor Based on Fe_3O_4 Magnetic Nanoparticles [J]. Anal. Lett., 2014, 47(11): 1797-1807.

[74] 张蕾，李红梅，韩光喜，康平利．纳米 γ-Al_2O_3 吸附 Ge（Ⅳ）的机理及性能[J]. 2010, 31(1): 135-140.

[75] 刘伟，杨琦，李博，陈海，聂兰玉．磁性石墨烯吸附水中 Cr(Ⅵ)研究[J]. 2015, 36(2): 537-544.

第4章 碳纳米管复合材料

碳纳米管拥有纳米级管腔结构，具有较高的长径比，较大的比表面积、表面能和表面结合能及类石墨的多层管壁结构，能够吸附和填充颗粒，展现了良好的化学稳定性，因此，广泛被用作负载催化剂。用碳纳米管负载型催化剂，一方面能表现出纳米尺度效应、界面效应以及优异的理化性质，能显著地提高活性组分的比表面积及热稳定性，最大限度地提高活性组分的比表面积，有利于解决常规催化剂比表面积小、催化活性低的难题；另一方面，基于碳纳米管的分散性能，有利于解决纯纳米级催化剂粉体易团聚的不足。碳纳米管复合材料的主要制备方法如表4.1所示。

表4.1 碳纳米管复合材料的主要制备方法

方法	液相化学沉积法	浸渍法	溶胶-凝胶法	液相氧化还原法
概念	将纯化改性处理过的碳纳米管超声分散到含有活性组分的金属盐溶液中，加入沉淀剂，在液相中反应生成或析出沉淀并沉积在碳纳米管上，制得产物前躯体，再将前驱体煅烧处理即得碳纳米管负载金属氧化物纳米粒子	先把经过表面处理过的碳纳米管浸渍在含有活性组分的金属易溶盐溶液中，使之充分混合，以达到活性组分负载于载体上的方法	以易于水解的金属结合物（无机盐或金属醇盐）为原料，使之在某种溶剂中与水发生反应，经过水解和缩聚过程形成溶胶，在一定条件下形成凝胶，并负载于碳纳米管上，再经过干燥和煅烧得到复合粒子	在液相体系中，活性组分前驱体通过氧化还原反应直接生成被负载的氧化物并负载到碳纳米管上，然后再经过过滤、洗涤、干燥即得复合样品
优点	简单易行，而且在液相体系中活性组分的分散是在纳米范围内，也即液相化学沉积法能制备出金属氧化物在碳纳米管表面均匀分布	浸渍法制备复合材料简单易操作，可通过控制浸泡时间的长短来控制负载量，为碳纳米管负载催化剂提供了理论依据	反应物种多，产物颗粒均一，过程易控制，适于负载氧化物的制备	反应条件要求不高，不需高温煅烧处理

续表

方法	液相化学沉积法	浸渍法	溶胶-凝胶法	液相氧化还原法
缺点	复合纳米粒子制备过程需高温煅烧，对反应设备要求较高，实验成本较高	杂质干扰严重	反应时间较长	反应时间和负载量不易控制

碳纳米管与其他功能材料具有良好的协同电催化作用，因此在电化学传感领域常被用作电极修饰材料。其中，碳纳米管复合材料所起的作用主要分为两类，即：①作为载体或支持物，改善其他活性物质的性能；②利用自身良好的电催化性能，结合其他功能材料的特性，充分发挥复合材料间的协同作用。目前，碳纳米管复合材料还需要解决以下问题：第一，碳纳米管的分散及表面改性问题；第二，选择适当的合成方法制备碳纳米管复合材料；第三，碳纳米管作为载体与活性组分的结合强度及结合机理问题，目前对纳米碳管与不同金属氧化物的结合机理还需进一步的探索；第四，碳纳米管及负载的物种在催化反应过程中扮演的角色、催化活性位的确定问题。

随着碳纳米管新的分散技术和合成方法的出现以及科学家对碳纳米管界面结构及与活性组分结合机理的认识发展，碳纳米管复合材料必将在催化领域中得到更加广泛的发展和应用。

4.1 基于 ZrO_2/CNT 多孔纳米复合材料的电催化性能研究

氧化锆作为一种无毒性的过渡金属氧化物，具有良好的生物相容性、热稳定性、化学惰性以及抗腐蚀性，由于其表面同时具有酸性和碱性，从而使其具有优异的物理化学性质，已被广泛用于各种传感器中[1-8]。

本节基于多孔 ZrO_2/MWCNTs 纳米复合材料构置了 NO_2^- 离子电化学传感器，研究了其对 NO_2^- 的催化性能，建立了测定 NO_2^- 的新方法。

4.1.1 ZrO_2/MWCNTs/Au 的制备

将金电极表面用 1.0 μm 和 0.05 μm γ-Al_2O_3 粉打磨至镜面，并依次用二次蒸馏水、1∶1 的硝酸、丙酮、二次蒸馏水超声洗涤 5 min，最后用氮气吹干备用。将 3 mg 羧基化的 MWCNTs 在 1 mL DMF 中分散均匀，然后移取 5 μL 滴涂于金电极表面，在空气中自然晾干。将该电极置于含 3 $mmol \cdot L^{-1}$ ZrO_2Cl_2 的 0.06 $mol \cdot L^{-1}$ KCl 溶液中，设定扫描速率为 0.02 $V \cdot s^{-1}$，在−1.2~0.72 V 电压范围循环扫描 10 圈，将 ZrO_2 电沉积在电极表面[9]。用二次蒸馏水将电极表面冲洗干净，并自然晾干，所构置的电极标记为 ZrO_2/MWCNTs/Au。

4.1.2 ZrO_2/MWCNTs 的表征

图 4.1（a）是 ZrO_2/MWCNTs 复合纳米材料的 SEM 图。从图中可见，ZrO_2/CNT 复合纳米材料呈多孔状，其中 ZrO_2 纳米粒子分布均匀，粒径约为 80 nm。ZrO_2/CNT 复合纳米材料大的比表面积能够提高催化效果，而未被覆盖的 CNT 则能够增大电子转移速率。EDS 结果证实复合纳米材料由 C、Zr 和 O 元素组成，表明 ZrO_2 成功修饰在 CNT 表面［图 4.1（b）］。

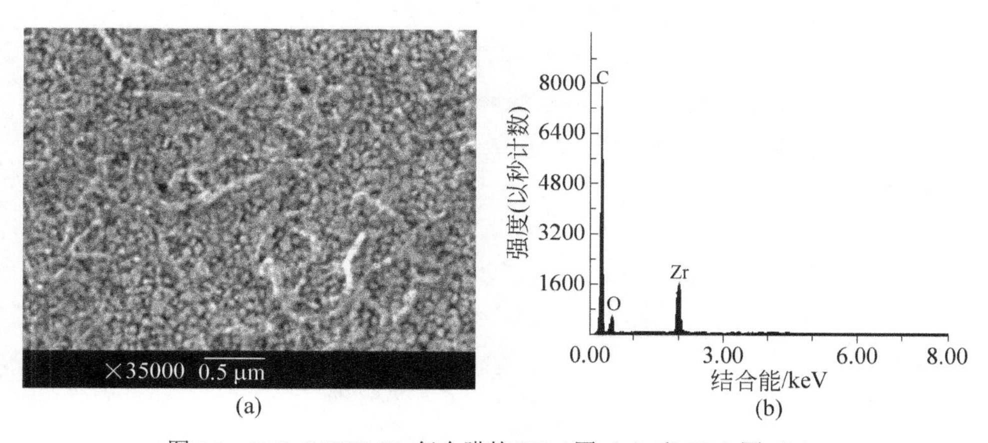

图 4.1 ZrO_2/MWCNTs 复合膜的 SEM 图（a）和 EDS 图（b）

图 4.2 是不同修饰电极在 0.1 $mol \cdot L^{-1}$ PBS 缓冲液（pH 5.26）中的 CV 曲线。由图 4.2 中曲线 A 可见，当溶液中无 NO_2^-时，ZrO_2/MWCNTs/Au 的 CV 曲线中无氧化还原峰出现。当溶液存在 NO_2^-时，ZrO_2/MWCNTs/Au（图 4.2 中曲线 B）和 ZrO_2/Au（图 4.2 中曲线 C）的 CV 曲线均在 0.8 V 左右出现一个氧化峰，这对应于 NO_2^-在电极上的氧化峰，表明 NO_2^-在电极上的反应是不可逆的；在 ZrO_2/MWCNTs/Au 上 NO_2^-产生的峰电流明显高于在 ZrO_2/Au 上产生的峰电流，表明 ZrO_2-CNT 复合膜能提高 NO_2^- 氧化时的电子转移速率。

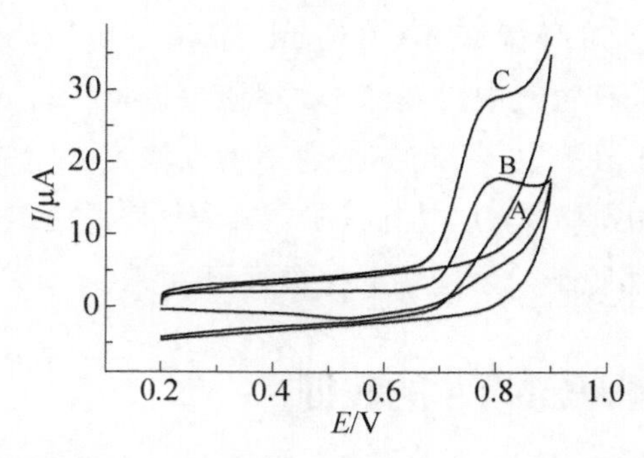

图 4.2　使用 ZrO_2/MWCNTs/Au 在不含（A）或含（B）1.0 mmol·L^{-1} NO_2^-的 PBS 中的 CV 曲线；使用 ZrO_2/Au 在含 1.0 mmol·L^{-1} NO_2^-的 PBS 缓冲液中的 CV 曲线（C）

4.1.3 ZrO_2/MWCNTs/Au 的电催化行为研究

为了考察 ZrO_2/MWCNTs/Au 的电催化行为，研究了其在不同浓度 NO_2^-的 0.1mol·L^{-1} PBS 缓冲液（pH 5.26）中的 CV 曲线（图 4.3）。由图可见，随着 NO_2^-浓度的增加，阳极峰电流逐渐增加，表明 ZrO_2/MWCNTs/Au 对 NO_2^-具有催化氧化能力。阳极峰峰电流和 NO_2^-浓度在 1.0×10^{-4}~2.0×10^{-3} mol·L^{-1} 呈线性关系，线性方程为：I_p（μA）= −0.9610 + 0.1142c（μmol·L^{-1}）（R=0.9995）。

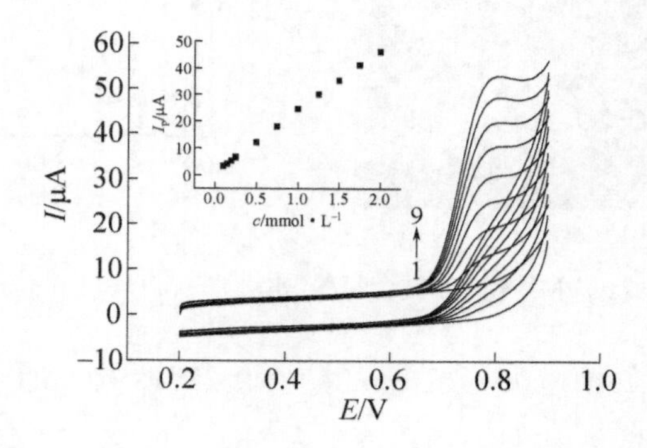

图 4.3　不同浓度 NO_2^-在 ZrO_2/MWCNTs/Au 上的 CV 曲线

NO_2^-浓度/mmol·L^{-1}（从 1→9）：0.00，0.25，0.50，0.75，1.00，1.25，1.50，1.75，2.0

用循环伏安法考察了 1.0×10^{-3} mol·L^{-1} NO_2^-存在下扫描速率对氧化峰峰电流的影响［图 4.4（a)］，实验发现，催化电流与 $v^{1/2}$ 成正比［图 4.4（b)］，这表明电极过程受 NO_2^-的扩散速率所控制，是用于定量分析的一种理想情况。

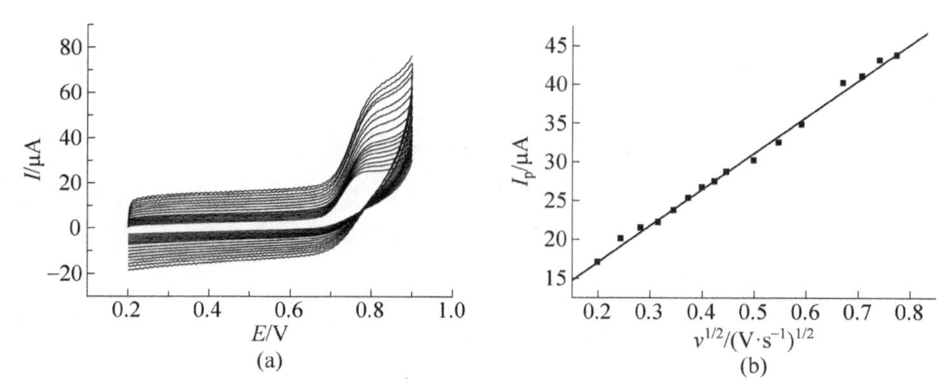

图 4.4　不同扫描速率下 NO_2^-在 ZrO_2/MWCNTs/Au 上的 CV 曲线（a）和 I_p-$v^{1/2}$ 相关图（b）

扫描速率：0.06~0.60 $V·s^{-1}$

4.1.4　NO_2^- 扩散系数的计算

为了测定 NO_2^-的扩散系数，在含有不同浓度 NO_2^-的 PBS 缓冲液中进行了计时安培法实验，结果如图 4.5（a）所示。受扩散速率控制的电极反应，其电流可用 Cottrell 方程[10]来表示：

$$I = nFAD^{1/2}c\pi^{-1/2}t^{-1/2} \tag{4.1}$$

式中，I 为受扩散控制的电流；D 和 c 分别为 NO_2^-的扩散系数和浓度，单位分别为 $cm^2·s^{-1}$ 和 10^{-3} $mol·L^{-1}$；A 为电极面积。

在不同的 NO_2^-浓度下，I 与 $t^{-1/2}$ 间应呈线性关系［图 4.5（b）］。由直线的斜率和 NO_2^-的浓度，计算得到 NO_2^-扩散系数 D 为 3.1×10^{-5} $cm^2·s^{-1}$，比以前报道的值高一些[11,12]。

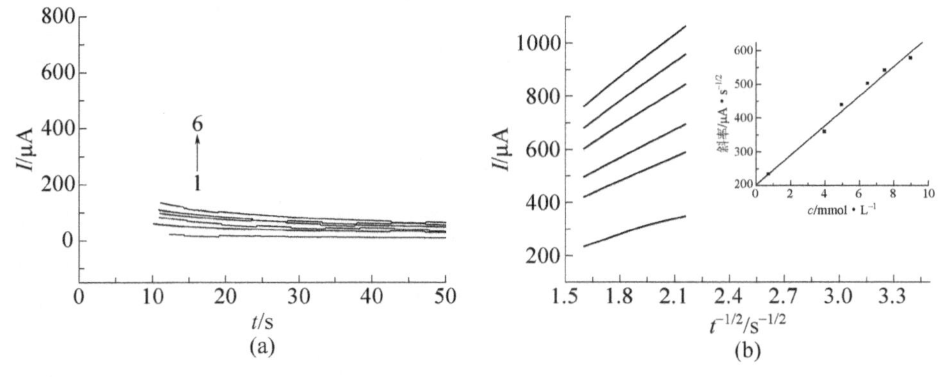

图 4.5　（a）不同浓度 NO_2^-在 ZrO_2/MWCNTs/Au 上的计时安培曲线；（b）I-$t^{-1/2}$ 曲线，插图为斜率-浓度曲线

NO_2^-浓度/mmol·L^{-1}（从 1→6）：0.75，4.0，5.0，6.5，7.5，9.0

4.1.5 pH 值的优化

采用 DPV 法考察了 ZrO_2/MWCNTs/Au 在 pH 3.23~8.38 的 $0.1mol \cdot L^{-1}$ PBS 缓冲液中对 1.0×10^{-3} $mol \cdot L^{-1}$ NO_2^-的催化氧化性能（图 4.6）。由图可以观察到，随着溶液 pH 值的增大，氧化峰峰电流先增加后降低。这是因为 NO_2^-在强酸性介质中不能稳定存在，会发生分解反应[13-16]，如式（4.2）所示。

$$2H^+ + 3NO_2^- \longrightarrow 2NO + NO_3^- + H_2O \tag{4.2}$$

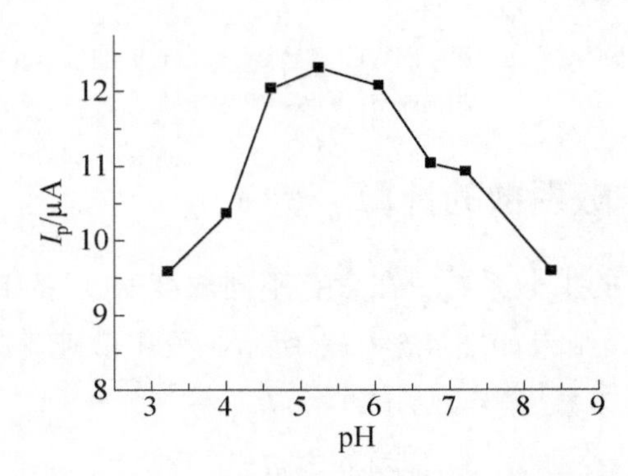

图 4.6　pH 值对 ZrO_2/MWCNTs 催化 NO_2^-的影响

一方面，溶液 pH 过低时，由于 NO_2^-的分解，导致氧化峰峰电流降低。另一方面，在酸性介质中，大多数 NO_2^-以质子化的形式存在[17,18]。但随着溶液 pH 值升高，HNO_2 呈现缺质子状态，难于被电催化氧化，也会导致氧化峰峰电流降低[19,20]。根据实验结果，在 pH 5.26 时氧化峰峰电流达到最大值，因此，选择 pH=5.26 的 PBS 缓冲液作为测定 NO_2^-的支持电解质。

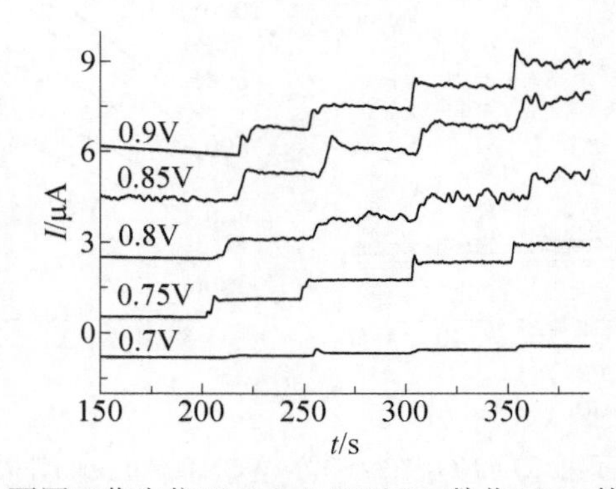

图 4.7　不同工作电位下 ZrO_2/MWCNTs 催化 NO_2^- 的 I-t 曲线

为了进一步改进传感器的性能，采用计时电流安培法研究了工作电位对 NO_2^-电催化氧化的影响，结果如图 4.7 所示。由图可见，当工作电位为 0.75 V 时，*I-t* 曲线响应平稳，电流值较大，电流响应良好。因此，实验中采用的工作电位为 0.75 V。

4.1.6　NO_2^-的安培检测

在 0.75 V 的工作电位下，每隔一定时间连续向 0.1 $mol \cdot L^{-1}$ PBS 缓冲液（pH 5.26）中分别加入 5.0×10^{-7} $mol \cdot L^{-1}$、1.0×10^{-6} $mol \cdot L^{-1}$ 和 5.0×10^{-5} $mol \cdot L^{-1}$ NO_2^-，记录相应的 *I-t* 曲线，结果如图 4.8 所示。由图可以看出，随着 NO_2^-的加入，*I-t* 曲线上电流随之逐渐增加，电流响应良好，呈现出稳态电流的特征，对 NO_2^-的响应时间小于 4 s。当 NO_2^-浓度在 5.0×10^{-7}~1.1×10^{-3} $mol \cdot L^{-1}$ 范围内时有良好的线性关系，灵敏度为 12.2 $\mu A \cdot L \cdot mmol^{-1}$，检出限为 3.0×10^{-7} $mol \cdot L^{-1}$ (S/N=3)。

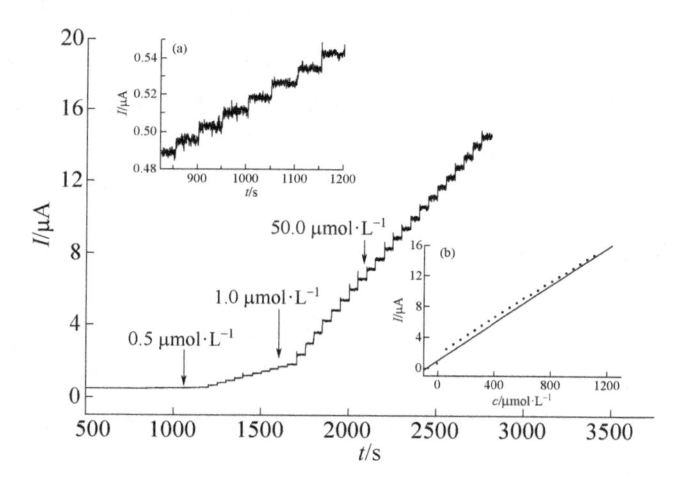

图 4.8　连续加入不同浓度 NO_2^-时用 ZrO_2/MWCNTs/Au 获得的 *I-t* 曲线

插图：（a）加入 0.5 $\mu mol \cdot L^{-1}$ NO_2^-时的 *I-t* 曲线；（b）NO_2^-浓度与响应电流的线性关系

表 4.2 列举了不同 NO_2^-传感器的分析性能。由表可见，与其他一些传感器相比，本节构置的 NO_2^-传感器具有良好的分析性能。

表 4.2　几种 NO_2^-传感器的分析性能比较

电极	线性范围/$\mu mol \cdot L^{-1}$	检出限/$\mu mol \cdot L^{-1}$	参考文献
Nile blue/GCE	0.5~100	0.1	[21]
Hb/Au/GCE	4~350	1.2	[22]

续表

电极	线性范围/μmol·L^{-1}	检出限/μmol·L^{-1}	参考文献
Cu/CNT/GCE	1~600	0.08	[23]
Au/CLDH/GCE	1~191	0.5	[24]
Au/ZnO/MWCNTs/GCE	0.78~400	0.4	[25]
CoO_x/CNT/GCE	0.5~250	0.3	[26]
Pd-Fe/GCE	6~5000	1.0	[27]
ZrO_2/CNT/Au	0.5~1100	0.3	本实验结果

4.1.7　干扰试验

在相对偏差不超过±5%的情况下，考察了可能存在的干扰物对测定的影响。结果表明，在含 1.0×10^{-3} mol·L^{-1} NO_2^-的 PBS 缓冲液（pH 5.26）中，100 倍（即 0.1 mol·L^{-1}）Na^+、K^+、NH_4^+、Cs^+、Ag^+、Mg^{2+}、Ca^{2+}、Sr^{2+}、Zn^{2+}、Cd^{2+}、Ni^{2+}、Cl^-、NO_3^-、SO_4^{2-}等离子不干扰实验测定；50 倍的 Br^-、20 倍的 $S_2O_3^{2-}$、5 倍的 I^-不干扰实验测定。

4.1.8　传感器的稳定性研究

每隔 10 min 测定一次 ZrO_2/MWCNTs/Au 对 1.0×10^{-3} mol·L^{-1} NO_2^-的氧化峰峰电流，测定 25 次的 RSD 为 1.6%。此外，将此传感器在室温下保存两周，用其测定 1.0×10^{-3} mol·L^{-1} NO_2^-的响应电流为初始值的 94%。以上实验结果表明该传感器具有较好的稳定性。

4.1.9　小结

在本节中，以 MWCNTs 为模板，成功构置了基于多孔 ZrO_2/MWCNTs 纳米复合材料的亚硝酸盐电化学传感器。该传感器对亚硝酸盐展示了极好的电催化氧化性能，具有构置简单、检出限低（3.0×10^{-7} mol·L^{-1}）和响应速度快（<4 s）等特点，这主要是由于多孔 ZrO_2/MWCNTs 纳米复合材料大的比表面积促进了电子转移，提高了纳米材料的催化性能。

4.2 基于 TiO_2/CNT 多孔纳米复合材料的电化学传感器的构置及应用

邻苯二酚（catechol，CC）和对苯二酚（hydroquinone，HQ）作为重要的化工原料，被广泛用于橡胶防老化剂、照相显影剂和香料、农药、医药、染料等领域，具有较大毒性[28]。此外，作为人体内的电活性物质，CC 常参与多种生理过程，但不容易降解，会对人体和环境造成大的危害和影响。作为结构及理化性质相似的同分异构体，CC 和 HQ 会在大多数样品中共存，进行分离和同时测定比较困难。因此，建立同时测定 HQ 和 CC 的方法具有重要的实际意义[29]。

目前酚类污染物检测通常采用分光光度法[30,31]、色谱法[32,33]、同步荧光法[34]、毛细管电泳法[35]、流动注射分析[36]和电化学方法[37-40]等。具有电化学活性的 HQ 和 CC 易被电氧化，因此能用电化学方法进行测定[41,42]，但是由于二者的结构相似，导致氧化还原峰电位重叠[43,44]，且由于在电极表面的相互竞争，使二者的响应电流与其浓度很难呈现线性关系[45]，这是同时测定 CC 和 HQ 面临的最大问题。

电化学方法测定 CC 和 HQ 的关键是选择合适的化学修饰剂[46]。CNTs 自 1991 年发现以来因其特有的力学、电学和化学性质及独特的管状分子结构和应用价值，迅速成为研究热点[47,48]。近年来，基于 CNTs 的修饰电极在多巴胺和血清素以及硝基酚的同分异构体同时检测中获得了应用，证明了基于 CNTs 的修饰电极是测定同分异构体非常前途的方法[49,50]。作为一种常见的半导体材料，TiO_2 因其无毒、稳定性好以及独特的光电和电化学性质，已被广泛应用于光催化和电催化等领域[51,52]。

基于多孔 TiO_2/MWCNTs 纳米复合材料构置的 CC 和 HQ 电化学传感器，具有简单方便、灵敏度高、响应时间短的优点。

4.2.1 TiO_2/MWCNTs/GCE 纳米复合材料的制备及表征

将 2 mg 羧基化的 MWCNTs 超声分散于 1 mL 的 DMF 中。用微量进样器取 5 μL 分散液滴涂在玻碳电极表面，室温下自然晾干，即制得 MWCNTs/GCE。将 MWCNTs/GCE 置于含 3 $mol \cdot L^{-1}$ KCl、1.0×10^{-2} $mol \cdot L^{-1}$ H_2O_2 和

1.0×10^{-2} mol·L^{-1} $Ti(SO_4)_2$ 溶液中，在−0.1 V 下进行电沉积[53]，构置复合电极 TiO_2/MWCNTs/GCE。

图 4.9（a）是 TiO_2/MWCNTs 复合材料的扫描电镜图。从图可以看出，MWCNTs 比较粗糙，这是 TiO_2 纳米粒子覆盖在其表面的缘故。图 4.9（b）显示该复合纳米材料含有 Ti 和 O 元素，这表明 TiO_2 已经被成功地沉积在 MWCNTs 的表面（In、Sn 和 Si 元素来自导电玻璃 ITO）。

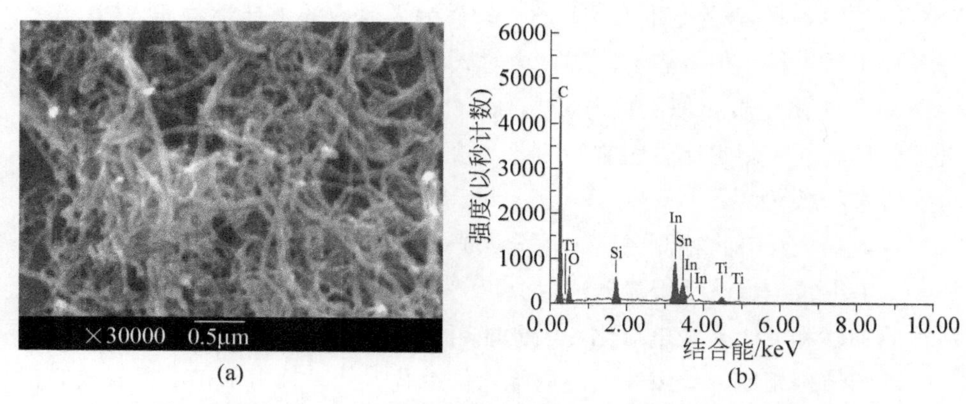

图 4.9　TiO_2/MWCNTs 复合材料的 SEM 图（a）和 EDS 图（b）

4.2.2　TiO_2/MWCNTs 对 CC 和 HQ 的电化学行为

由于 CC 和 HQ 苯环上两个羟基的相对位置不同，电荷密度的分布也不同。两个羟基处于对位时电荷密度较大，邻位时较小，而电荷密度越大的部分越容易被电氧化，因此，HQ 的氧化电位较低，而 CC 的氧化电位较高；当 CC 和 HQ 的氧化产物被还原时，电荷密度小的容易被还原，所以还原电位也是对 CC 较高，HQ 较低[54]。

在 0.10 mol·L^{-1} PBS 中，同时加入 1.0×10^{-3} mol·L^{-1} CC 和 HQ，研究它们在不同修饰电极上的电化学行为。研究结果表明（图 4.10），使用 MWCNTs/GCE 时（曲线 A），在 0.455 V 和 0.202 V 有两个阳极峰，在 0.318 V 和 0.001 V 有两个阴极峰，分别对应于 CC 的氧化还原和 HQ 的氧化还原，但这些氧化还原峰的峰形差、峰电流不高，不能同时测定 HQ 和 CC 的含量。使用 TiO_2/GCE 时（曲线 B），在 0.402 V 有一个很宽的阳极峰，在−0.067 V 和 0.092 V 有两个阴极峰，它们分别对应于 HQ 的氧化还原和 CC 的还原，表明 HQ 和 CC 在 TiO_2/GCE 上的氧化还原是不可逆的，不能进行同时测定。

而使用 TiO_2/MWCNTs/GCE（曲线 C）时，CC 在 0.217 V 和 0.132 V（ΔE_p = 0.085 V）产生一对氧化还原峰；HQ 在 0.101 V 和 0.006 V（ΔE_p = 0.095 V）产生一对氧化还原峰。这两对氧化还原峰具有较低的氧化过电位、较好的可逆性和较大的峰电流，表明 TiO_2/MWCNTs 对 HQ 和 CC 产生了明显的电催化氧化作用。另外，在 TiO_2/MWCNTs/GCE 上 HQ 和 CC 的氧化峰电位差值达 0.116 V，表明 TiO_2/MWCNTs/GCE 可用于 HQ 和 CC 的同时测定。

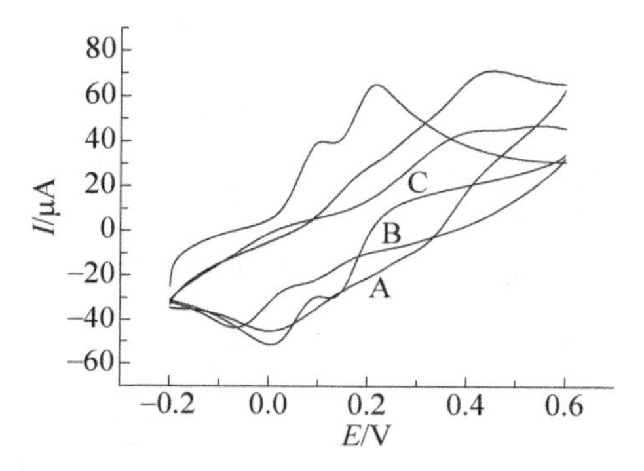

图 4.10　1.0×10^{-3} mol·L^{-1} CC 和 HQ 在不同修饰电极上的 CV 曲线

电极：A—MWCNTs/GCE；B—TiO_2/GCE；C—TiO_2/MWCNTs/GCE

4.2.3 实验条件优化

（1）沉积时间的影响

为了改善传感器的性能，采用 DPV 对 TiO_2 的电沉积时间进行了优化，结果如图 4.11 所示。由图可知，随着沉积时间的增加，HQ 催化电流先增大后降低。这是因为 TiO_2 沉积膜厚度增加到一定程度时，其催化能力会降低所致。因此，确定电沉积的时间为 30 min。

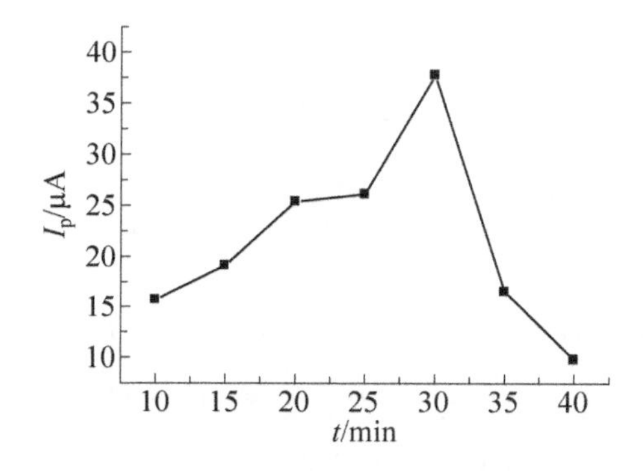

图 4.11　TiO_2 电沉积时间的优化

（2）pH 值的影响

图 4.12 考察了 pH 值对 CC 和 HQ 电化学行为的影响。实验结果表明：随着 pH 值的增大，CC 和 HQ 的氧化电位逐渐负移，这是因为苯二酚的氧化反应为去质子过程，在高 pH 值下去质子过程更容易，因此氧化还原反应更容易发生。

对于 HQ：$E_{pa} = 0.4865 - 0.05549\ pH$　（R=0.9988）

对于 CC：E_{pa}=0.5991 − 0.05499 pH　（R=0.9921）

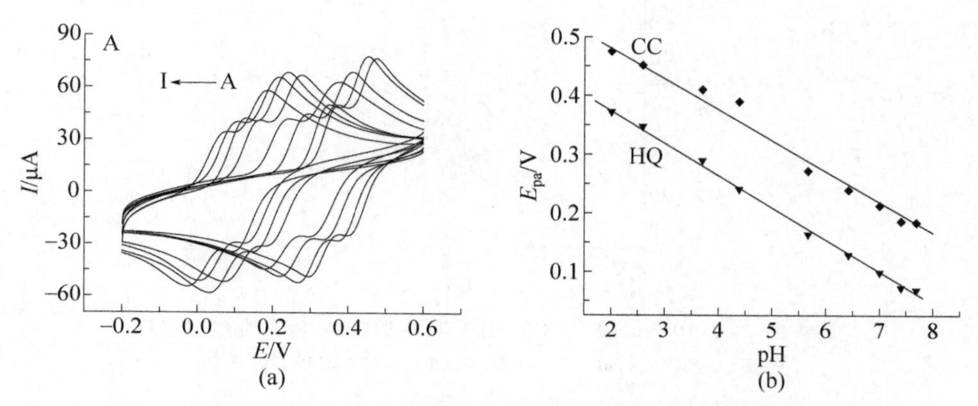

图 4.12　（a）不同 pH 值下 CC 和 HQ 在 TiO_2/MWCNTs/GCE 上的 CV 曲线；（b）CC 和 HQ 的氧化峰峰电位 E_{pa} 与 pH 的曲线图

pH 值：A—2.00；B—2.09；C—3.70；D—4.38；E—5.67；F—6.42；G—7.00；H—7.40；I—7.69

根据图 4.12（b）中 E_{pa}-pH 的曲线斜率可知，CC 和 HQ 的电极反应过程为两质子伴随两电子的电化学过程，反应机理可能为：

OH　　　O

$\rightleftharpoons$　$+ 2H^+ + 2e^-$

OH　　　O

HO　　　O

$\rightleftharpoons$　$+ 2H^+ + 2e^-$

HO　　　O

（3）扫描速率的影响

在 0.10 mol·L^{-1} PBS（pH=7.0）中，分别研究了 CC 和 HQ 氧化峰峰电流和扫描速率的关系［如图 4.13（a)］。结果表明，CC 和 HQ 的峰电流均随扫描速率的增加而逐渐增大，且氧化峰峰电流与扫描速率的平方根呈现了良好的线性关系。在 0.02~0.5 $V \cdot s^{-1}$ 的范围内，CC 和 HQ 的氧化峰峰电流与扫描速率的关系为：

HQ：$I_{pa} = 7.645 + 87.87\ v^{1/2}$　　（$R = 0.9970$）

CC：$I_{pa} = 3.941 + 65.10\ v^{1/2}$　　（$R = 0.9977$）

图 4.13（b）表明 CC 和 HQ 在 TiO_2/MWCNTs/GCE 上的电化学行为受扩散控制。CC 和 HQ 在该电极上的电子转移速率常数（k_s）可利用 Laviron 理论[55]得到：

$$\lg k_s = \alpha\lg(1-\alpha) + (1-\alpha)\lg\alpha - \lg(RT/nFv) - (1-\alpha)\alpha F\Delta E_p/2.3RT \quad (4.3)$$

一般认为 α 为 0.5，通过计算可得，CC 和 HQ 在 TiO_2/MWCNTs/GCE 上的 k_s 分别为 2.64 s^{-1} 和 1.91 s^{-1}，这一数值大于 CC 和 HQ 在石墨烯/GCE 上的 k_s 值[56]，说明 TiO_2/MWCNTs 纳米复合材料能有效促进电子转移。

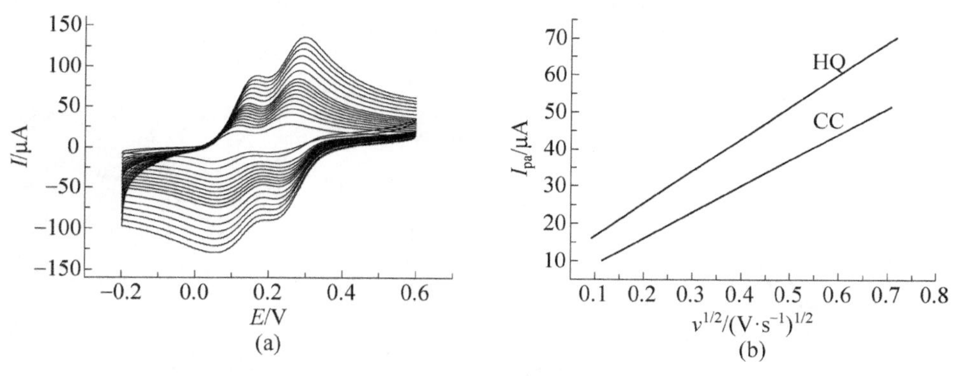

图 4.13　（a）不同扫描速率下 CC 和 HQ 的 CV 图曲线；（b）I_{pa}-v 曲线

扫描速率：0.02~0.50 $V \cdot s^{-1}$（由内而外逐渐增大）

4.2.4　对苯二酚和邻苯二酚的选择性测定

考虑到 CC 和 HQ 在接近中性介质中的自氧化速度最低，因此选择 pH=7.0 的 PBS 缓冲液作为支持电解质。在 5×10^{-5} $mol \cdot L^{-1}$ CC 存在的条件下，采用 DPV 对 HQ 进行了选择性测定，结果如图 4.14 所示。

由图 4.14 可知，在 5×10^{-5} $mol \cdot L^{-1}$ CC 存在的条件下，测定 HQ 的线性范围为 6.0×10^{-5}~8.0×10^{-4} $mol \cdot L^{-1}$，线性回归方程为 $I_{pa} = 2.134 + 75.00c$（$R = 0.9926$），检出限为 4.0×10^{-6} $mol \cdot L^{-1}$（S/N=3）。

在 5.0×10^{-5} $mol \cdot L^{-1}$ HQ 存在的条件下，采用 DPV 对 CC 进行了选择性

测定，结果如图 4.15 所示。由图可知，在 5.0×10^{-5} mol·L^{-1} HQ 存在的条件下，测定 CC 的线性范围为 5.0×10^{-6}~5.0×10^{-4} mol·L^{-1}，线性回归方程为 $I_{pa} = 0.5682 + 86.60c$（R=0.9953），检出限为 3.0×10^{-6} mol·L^{-1}（S/N=3）。

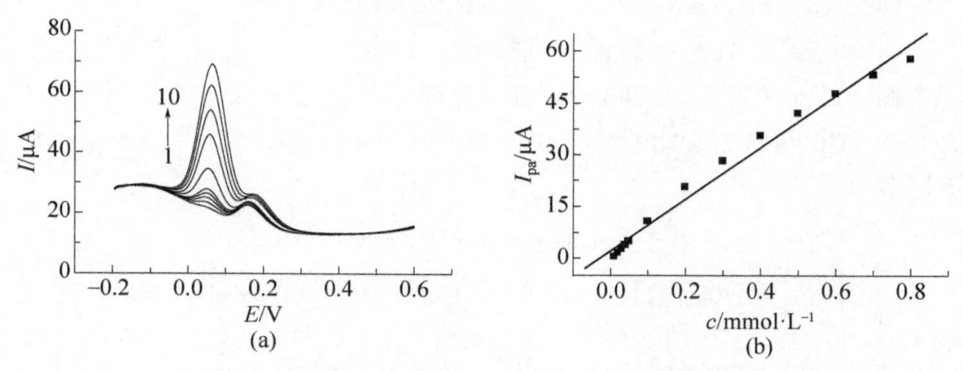

图 4.14 （a）CC 和 HQ 在使用 TiO_2/MWCNTs/GCE 时获得的 DPV 图；（b）HQ 的氧化峰峰电流随浓度变化的线性曲线

CC 浓度：5.0×10^{-5} mol·L^{-1}；HQ 浓度：1.0×10^{-5}~5.0×10^{-2} mol·L^{-1}（从 1→10 逐渐增大）

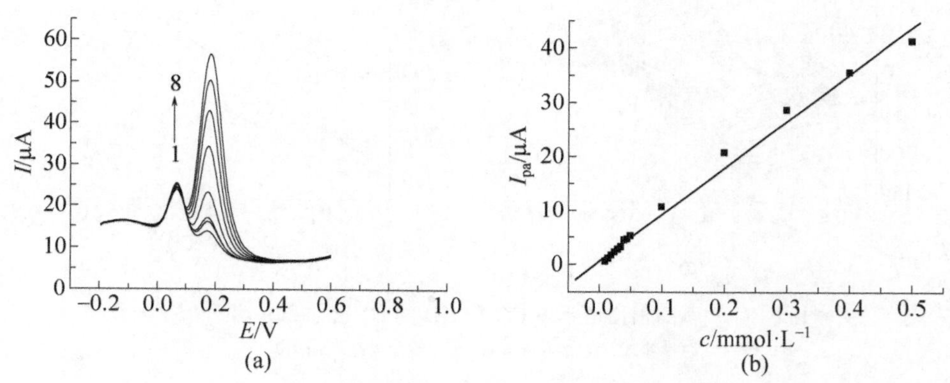

图 4.15 （a）HQ 和 CC 在使用 TiO_2/MWCNTs/GCE 时获得的 DPV 图；（b）CC 的氧化峰峰电流随浓度变化的线性曲线

HQ 浓度：1.0×10^{-3} mol·L^{-1}；CC 浓度：3.0×10^{-5}~5.0×10^{-4} mol·L^{-1}（从 1→8 逐渐增大）

4.2.5 对苯二酚和邻苯二酚的同时测定

图 4.16 为在 0.1 mol·L^{-1} PBS（pH=7.0）中同时加入等浓度的 CC 和 HQ 的 DPV 图。对 CC 的线性范围分别为 1.5×10^{-6}~3.0×10^{-4} mol·L^{-1} 和 3.0×10^{-4}~3.5×10^{-3} mol·L^{-1}，线性方程分别为：$I_{pa}(\mu A) = 0.3452 + 78.15c$ (mmol·L^{-1})（R = 0.9925）；$I_{pa}(\mu A) = 16.22 + 29.15\ c$ (mmol·L^{-1})（R = 0.9958），检出限为

8.0×10^{-7} mol·L^{-1}（S/N=3）。对 HQ 的线性范围分别为 2.5×10^{-6}~2.0×10^{-4} mol·L^{-1} 和 4.0×10^{-4}~2.0×10^{-3} mol·L^{-1}，线性方程分别为：I_{pa}（μA）= 0.5187 + 69.90c（mmol·L^{-1}）（R = 0.9919）和 I_{pa}（μA）=15.11 + 16.42c（mmol·L^{-1}）（R = 0.9926），检出限为 8.0×10^{-7} mol·L^{-1}（S/N=3）。与其他传感器[57-59]相比，本节基于 TiO_2/MWCNTs/GCE 构置的 CC 和 HQ 电化学传感器具有良好的分析性能。

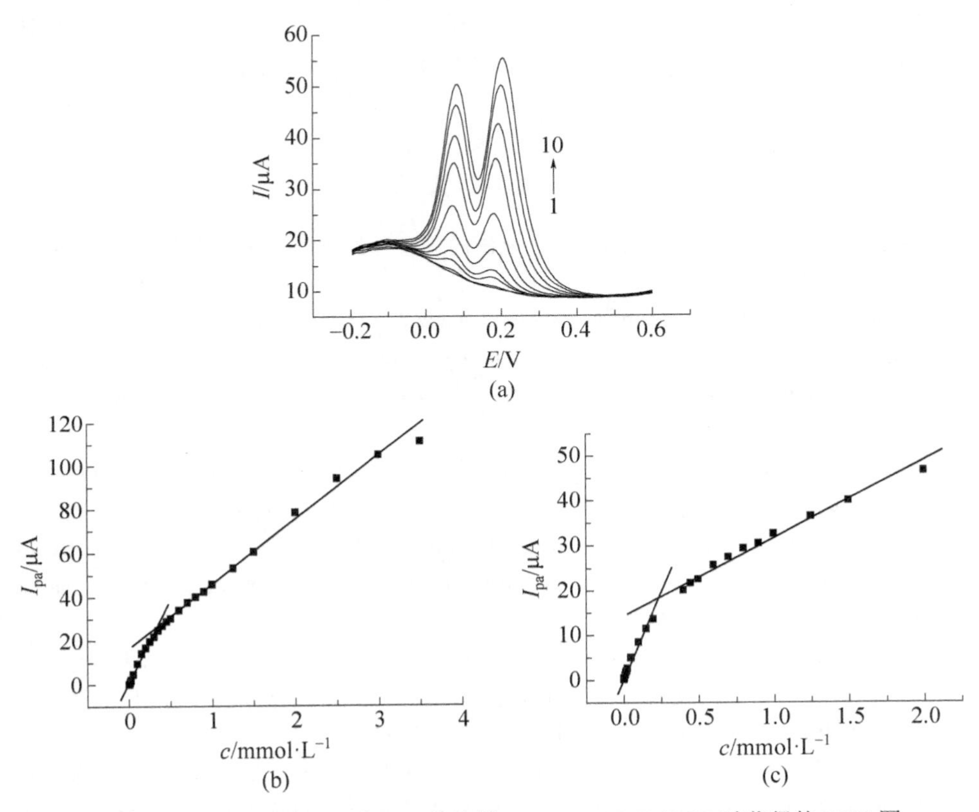

图 4.16 （a）不同浓度 CC 和 HQ 在使用 TiO_2/MWCNTs/GCE 时获得的 DPV 图；（b）CC 的线性曲线图；（c）HQ 的线性曲线图

CC 和 HQ 浓度：0.0~5.0×10^{-4} mol·L^{-1}（从 1→10 逐渐增大）

4.2.6 传感器的稳定性

用同一支电极对 1.0×10^{-3} mol·L^{-1} 的 HQ 和 CC 在同样条件下连续测定 5 次，所得氧化峰峰电流的 RSD 分别 2.7%和 2.3%，这说明该电极具有良好的重现性。采用同样方法制备 5 支 TiO_2/MWCNTs/GCE，分别对 1.0×10^{-3} mol·L^{-1} 的 HQ 和 CC 进行测定时，所得氧化峰峰电流的 RSD 是 3.9%。将 TiO_2/MWCNTs/

GCE 在 4℃的冰箱中放置 10 天，其对 1.0×10^{-3} $mol\cdot L^{-1}$ 的 HQ 和 CC 的响应电流比最初响应电流分别降低 3.7%和 4.6%，说明所制电极具有良好的稳定性。

4.2.7 小结

本节基于 TiO_2/MWCNTs 多孔纳米复合材料成功构置了 CC 和 HQ 电化学传感器，对容易发生相互干扰的 HQ 和 CC 进行了同时测定。该传感器对 HQ 和 CC 具有区分效应，能降低反应的过电位，提高反应的可逆性，具有制备简单、稳定性好、灵敏度高的特点。

参 考 文 献

[1] 李茹民，李占双，辛艳凤．纳米二氧化锆的制备方法进展．应用科技，2001，28(9): 52-54.

[2] Piconi C, Maccauro G. Zirconia as a ceramic biomaterial[J]. Biomater., 1999, 20(1): 1-25.

[3] Buscher CT, Mcbranch D, Li D. Understanding the relationship between surface coverage and molecular orientation in polar self-assembled monolayers[J]. J. Am. Chem. Soc., 1996, 118 (12): 2950-2953.

[4] Liu S, Xu J, Chen H. A reversible adsorption-desorption interface of DNA based on nano-sized zirconia and its application[J]. Colloids Surf. B: Biointerf., 2004, 36(3-4): 155-159.

[5] Gong J, Miao X, Wan H, Song D. Facile synthesis of zirconia nanoparticles-decorated graphene hybrid nanosheets for an enzymeless methyl parathion sensor[J]. Sens. Actuators B: Chem., 2012, 162 (1): 341-347.

[6] Liu X, Li B, Ma M, et al. Amperometric sensing of NADH and ethanol using a hybrid film electrode modified with electrochemically fabricated zirconia nanotubes and poly (acid fuchsin)[J]. Microchim. Acta, 2012, 176(1-2): 123-129.

[7] Zuo SH, Zhang LF, Yuan HH, et al. Electrochemical detection of DNA hybridization by using a zirconia modified renewable carbon paste electrode[J]. Bioelectrochem., 2009, 74(2): 223-226.

[8] Plashnitsa VV, Elumalai P, Kawaguchi T, et al. Highly Sensitive and Selective Zirconia-Based Propene Sensor using Nanostructured Gold Sensing Electrodes Fabricated from Colloidal Solutions[J]. J. Phys. Chem. C, 2009, 113 (18): 7857-7862.

[9] Tong Z, Yuan R, Chai Y, Chen S, Xie Y. Direct electrochemistry of horseradish peroxidase immobilized on DNA/electrodeposited zirconium dioxide modified, gold disk electrode[J]. Biotechnol. Lett., 2007, 29(5): 791-795.

[10] Bard AJ, Faulkner LR. Electrochemical Methods, Fundamentals and Applications [M]. New York: Wiley, 2001, 163.

[11] Kamyabi MA, Asgari1 Z, Monfared H. Electrocatalytic oxidation of nitrite at a terpyridine

manganese(Ⅱ) complex modified carbon past electrode[J]. J Solid State Electrochem., 2009, 14(9): 1547-1553.

[12] Lin CY, Vasantha VS, Ho KC. Detection of nitrite using poly(3,4-ethylenedioxythiophene) modified SPCEs[J]. Sens. Actuators B: Chem., 2009, 140 (1): 51-57.

[13] Cai Q, Zhang W, Yang Z. Stability of Nitrite in Wastewater and Its Determination by Ion Chromatography [J]. Anal. Sci., 2001, 17: 917-920.

[14] Brylev O, Sarrazin M, Roué L, Bélangér D. Nitrate and nitrite electrocatalytic reduction on Rh-modified pyrolytic graphite electrodes [J]. Electrochim. Acta, 2007, 52 (21): 6237-6247.

[15] Keita B, Belhouari A, Nadjo L, Contant R. Electrocatalysis by polyoxometalate/ vbpolymer systems: Reduction of nitrite and nitric oxide [J]. J. Electroanal. Chem., 1995, 381(1-2): 243-250.

[16] Kamyabi MA, Aghajanloo F. Electrocatalytic oxidation and determination of nitrite on carbon paste electrode modified with oxovanadium(IV)-4-methyl salophen[J]. J. Electroanal. Chem., 2008, 614(1-2): 157-165.

[17] Guo ML, Chen JH, Li J, Tao B, Yao SZ. Fabrication of polyaniline/carbon nanotube composite modified electrode and its electrocatalytic property to the reduction of nitrite[J]. Anal. Chim. Acta, 2005, 532 (1): 71-77.

[18] Milczarek G. Selective and sensitive detection of nitrite based on NO sensing on a polymer-coated rotating disc electrode[J]. J. Electroanal. Chem., 2007, 610(2): 199-204.

[19] Huang X, Li YX, Chen YL, Wang L. Electrochemical determination of nitrite and iodate by use of gold nanoparticles/poly (3-methylthiophene) composites coated glassy carbon electrode[J]. Sens. Actuators B: Chem., 2008, 134(2): 780-786.

[20] Sun WL, Zhang S, Liu HZ, Jin LT, Kong JL. Electrocatalytic reduction of nitrite at a glassy carbon electrode surface modified with palladium (Ⅱ)-substituted Keggin type heteropolytungstate[J]. Anal. Chim. Acta, 1999, 388 (1-2): 103-110.

[21] Chen XW, Wang F, Chen ZL. An electropolymerized Nile Blue sensing film-based nitrite sensor and application in food analysis[J]. Anal. Chim. Acta, 2008, 623(2): 213-220.

[22] Yang W, Bai Y, Li Y, Sun C. Amperometric nitrite sensor based on hemoglobin/ colloidal gold nanoparticles immobilized on a glassy carbon electrode by a titania sol-gel film[J]. Anal. Bioanal. Chem., 2005, 382 (1): 44-50.

[23] Yang SL, Zeng XD, Liu XY, Wei WZ, Luo SL, Liu Y, Liu YX. Electrocatalytic reduction and sensitive determination of nitrite at nano-copper coated multi-walled carbon nanotubes modified glassy carbon electrode[J]. J. Electroanal. Chem., 2010, 639 (1-2): 181-186.

[24] Cui L, Meng XM, Xu MR, Shang K, Ai SY, Liu YP. Electro-oxidation nitrite based on copper calcined layered double hydroxide and gold nanoparticles modified glassy carbon electrode[J]. Electrochim. Acta, 2011, 56(27): 9769-9774.

[25] Lin AJ, Wen Y, Zhang LJ, Lu B, Li Y, Jiao YZ, Yang HF. Layer-by-layer construction of

multi-walled carbon nanotubes, zinc oxide, and gold nanoparticles integrated composite electrode for nitrite detection[J]. Electrochim. Acta, 2011, 56 (3): 1030-1036.

[26] Meng ZC, Zheng JB, Sheng QL, Zhang HF. Electrodeposition of cobalt oxide nanoparticles on carbon nanotubes and their electrocatalytic properties for nitrite electrooxidation[J]. Microchim. Acta, 2011, 175(3-4): 251-257.

[27] Lu LP, Wang SQ, Kang TF, Xu WW. Synergetic effect of Pd-Fe nanoclusters: electrocatalysis of nitrite oxidation [J]. Microchim. Acta, 2008, 162(1-2): 81-85.

[28] Wang J, Park JN, Wei XY, Lee CW. Room-temperature heterogeneous hydroxylation of phenol with hydrogen peroxide over Fe^{2+}, Co^{2+} ion-exchanged Naβ zeolite[J]. Chem. Commun., 2003, 5: 628-629.

[29] Cui H, He C, Zhao GJ. Determination of polyphenols by high-performance liquid chromatography with inhibited chemiluminescence detection [J]. J. Chromatogr. A, 1999, 855(1): 171-179.

[30] Corominas BGT, Icardo MC, Zamora LL, Mateo JVG, Calatayud JM. A tandem-flow assembly for the chemiluminometric determination of hydroquinone[J]. Talanta, 2004, 64(3): 618-625.

[31] Nagaraja P, Vasantha RA, Sunitha KR. A new sensitive and selective spectrophotometric method for the determination of catechol derivatives and its pharmaceutical preparations[J]. J. Pharm. Biomed. Anal., 2001, 25(3-4): 417-424.

[32] Cui H, He CX, Zhao GW. Determination of polyphenols by high-performance liquid chromatography with inhibited chemiluminescence detection[J]. J. Chromatogr. A, 1999, 855(1): 171-179.

[33] Asan A, Isildak I. Determination of major phenolic compounds in water byreversed-phase liquid chromatography after pre-column derivatization with benzoyl chloride [J]. J. Chromatogr. A, 2003, 988(1): 145-149.

[34] Pistonesi MF, Nezio MSD, Centurión ME, et al. Determination of phenol, resorcinol and hydroquinone in air samples by synchronous fluorescence using partial least-squares[J]. Talanta, 2006, 69(5): 1265-1268.

[35] Pranaityte B, Padarauskas A, DikCius A, et al. Rapid capillary electrophoretic determination of glutaraldehyde in photographic developers using a cationic polymer coating[J]. Anal. Chim. Acta, 2004, 507(2): 185-190.

[36] Garcia-Mesa JA, Mateos R. Direct Automatic Determination of Bitterness and Total Phenolic Compounds in Virgin Olive Oil Using a pH-Based Flow-Injection Analysis System [J]. J. Agric. Food Chem., 2007, 55(10): 3863-3868.

[37] Yu JJ, Du W, Zhao FQ, Zeng BZ. High sensitive simultaneous determination of catechol and hydroquinone at mesoporous carbon CMK-3 electrode in comparison with multi-walled carbon nanotubes and Vulcan XC-72 carbon electrodes[J]. Electrochim. Acta, 2009, 54 (3): 984-988.

[38] Ghanem MA. Electrocatalytic activity and simultaneous determination of catechol and

hydroquinone at mesoporous platinum electrode [J]. Electrochem. Commun., 2007, 9 (10): 2501-2506.

[39] Korkut S, Keskinler B, Erhan E. An amperometric biosensor based on multiwalled carbon nanotube-poly(pyrrole)-horseradish peroxidase nanobiocomposite film for determination of phenol derivatives[J]. Talanta, 2008, 76(5):1147-1152.

[40] Cui H, He C, Zhao G. Determination of polyphenols by high-performance liquid chromatography with inhibited chemiluminescence detection[J]. J. Chromatogr. A, 1999, 855(1): 171-179.

[41] Lei Y, Zhao G, Liu M, Xiao X, Tang Y, Li D. Simple and Feasible Simultaneous Determination of Three Phenolic Pollutants on Boron-Doped Diamond Film Electrode[J]. Electroanal., 2007, 19 (18): 1933-1938.

[42] Liu W, Wang X, Wu Q, Ding YJ. A facile and fast electrochemical method for the simultaneous determination of *o*-dihydroxybenzene and *p*-dihydroxybenzene using a surfactant[J]. J. Anal. Chem., 2009, 64 (1): 54-58.

[43] Zhao C, Song J, Zhang J. Determination of total phenols in environmental wastewater by flow-injection analysis with a biamperometric detector [J]. Anal. Bioanal. Chem., 2002, 374 (3): 498-504.

[44] Gutes A, Cespedes F, Alegret S. Valle M. Determination of phenolic compounds by a polyphenol oxidase amperometric biosensor and artificial neural network analysis[J]. Biosens. Bioelectron., 2005, 20 (8): 1668-1673.

[45] Carvalho R, Mello C, Kubota L. Simultaneous determination of phenol isomers in binary mixtures by differential pulse voltammetry using carbon fibre electrode and neural network with pruning as a multivariate calibration tool[J]. Anal. Chim. Acta, 2000, 420 (1): 109-121.

[46] Qi H, Zhang C. Simultaneous Determination of Hydroquinone and Catechol at a Glassy Carbon Electrode Modified with Multiwall Carbon Nanotubes[J]. Electroanal., 2005, 17(10): 832-838.

[47] Iijima S. Helical microtubules of graphitic carbon[J]. Nat., 1991, 354: 56-58.

[48] Jacobs CB, Peairs MJ, Venton BJ. Review: Carbon nanotube based electrochemical sensors for biomolecules[J]. Anal. Chim. Acta, 2010, 662 (2):105-127.

[49] Wu KB, Fei JJ, Hu SS. Simultaneous determination of dopamine and serotonin on a glassy carbon electrode coated with a film of carbon nanotubes[J]. Anal. Biochem., 2003, 318(1): 100-106.

[50] 王宗花，罗国安，肖素芳，王歌云. α-环糊精复合碳纳米管电极对异构体的电催化行为[J]. 高等学校化学学报, 2003, 24 (5): 811-813.

[51] Lv X, Zhang G, Fu W. Highly Efficient Hydrogen Evolution Using TiO_2 Graphene Composite Photocatalysts[J]. Proc. Eng., 2012, 27: 570-576.

[52] Bao SJ, Li CM, Zang JF, et al. New Nanostructured TiO_2 for Direct Electrochemistry and Glucose Sensor Applications [J]. Adv. Funct. Mater., 2008, 18 (4): 591-599.

[53] Jiang LC, Zhang WD. Electrodeposition of TiO_2 Nanoparticles on Multiwalled Carbon Nanotube Arrays for Hydrogen Peroxide Sensing [J]. Electroanal., 2009, 21(8): 988 - 993.

[54] Ding YP, Liu WL, Wu QS, et al. Direct simultaneous determination of dihydroxybenzene isomers at C-nanotube-modified electrodes by derivative voltammetry[J]. J. Electroanal. Chem., 2005, 575(2): 275-280.

[55] Laviron E. General Expression of the Linear Potential Sweep Voltammogram in the Case of Diffusionless Electrochemical Systems[J]. J. Electroanal. Chem. Interf. Electrochem., 1979, 101(1): 19-28.

[56] Wang L, Zhang Y, Du Y, et al. Simultaneous determination of catechol and hydroquinon based on poly (diallyldimethylammonium chloride) functionalized graphene-modified glassy carbon electrode[J]. J. Solid State Electrochem., 2012, 16: 1323-1331.

[57] Li M, Ni F, Wang Y, et al. Sensitive and Facile Determination of Catechol and Hydroquinone Simultaneously Under Coexistence of Resorcinol with a Zn/Al Layered Double Hydroxide Film Modified Glassy Carbon Electrode[J]. Electroanal., 2009, 21 (13): 1521-1526.

[58] Zhao DM, Zhang XH, Feng LJ, Li J, Wang SF. Simultaneous determination of hydroquinone and catechol at PASA/MWNTs composite film modified glassy carbon electrode [J]. Colloids Surf. B: Biointerf., 2009, 74 (1): 317-321.

[59] Yang P, Zhu Q, Chen Y, Wang F. Simultaneous determination of hydroquinone and catechol using poly (*p*-aminobenzoic acid) modified glassy carbon electrode[J]. J. Appl. Polym. Sci., 2009, 113 (5): 2881-288.